动作捕捉技术与虚拟建模基础教程

主　编　胡　涛　吴复奎
副主编　李　梦　李鹏义

华中科技大学出版社
中国·武汉

内 容 简 介

动作捕捉技术是近年来受到广泛关注的研究领域。本书系统地论述了动作捕捉技术的概念、分类及应用。本书共 5 章,第 1 章主要对动作捕捉技术的基础知识做了阐述,第 2 章和第 3 章详细介绍了本书的实验平台所用的动作捕捉系统,第 4 章主要介绍虚拟人物骨骼的设置,第 5 章对动作的剪辑、数据的融合作了相应的介绍。书中附有实验相应的平台截图和实验中的注意事项,以便有兴趣的读者进一步钻研探索。

本书可为高等院校计算机科学、数字媒体技术专业等领域的人员提供参考,也可作为相关专业本科生及研究生教学参考书。

图书在版编目(CIP)数据

动作捕捉技术与虚拟建模基础教程/胡涛,吴复奎主编.—武汉:华中科技大学出版社,2022.1(2024.1重印)
ISBN 978-7-5680-7769-9

Ⅰ.①动…　Ⅱ.①胡…　②吴…　Ⅲ.①动画制作软件-教材　Ⅳ.①TP391.414

中国版本图书馆 CIP 数据核字(2022)第 012400 号

动作捕捉技术与虚拟建模基础教程　　　　　　　　　　　胡　涛　吴复奎　主编
Dongzuo Buzhuo Jishu yu Xuni Jianmo Jichu Jiaocheng

策划编辑:徐晓琦
责任编辑:刘艳花　李　露
封面设计:原色设计
责任校对:刘　竣
责任监印:周治超
出版发行:华中科技大学出版社(中国·武汉)　　电话:(027)81321913
　　　　　武汉市东湖新技术开发区华工科技园　　邮编:430223
录　　排:武汉市洪山区佳年华文印部
印　　刷:武汉邮科印务有限公司
开　　本:787mm×1092mm　1/16
印　　张:7
字　　数:165 千字
版　　次:2024 年 1 月第 1 版第 2 次印刷
定　　价:21.80 元

前　　言

近几年来,在影视特效和动画制作技术良好发展的同时,动作捕捉技术的稳定性、操作效率、应用弹性等也得到了迅速提高。动作捕捉技术可以迅速记录人体的关节信息,进行延时分析或多次回放;并可通过捕捉的关节信息,生成人体运动姿态,计算出面部或躯干肌肉的细微变形,并直观地将人体真实动作融合到虚拟角色。

本书利用光学式动作捕捉系统、Autodesk MotionBuilder、Maya 等三维设计软件编制了一套动作捕捉基础教程。常用的动作捕捉技术从原理上说可分为机械式、声学式、电磁式和光学式。不同原理的设备各有其优缺点,光学式动作捕捉系统因定位精度高、实时性强、使用方便等,成为大多数使用者的首选类型,也成为本书的实验平台。

本书由工作在教学第一线的高校教师编写完成。在编写本书时,编者注重保持知识的完整性和系统性,精选教学案例,由浅入深、脉络清晰,既有对理论的具体介绍,又有对采集中注意事项的详细说明,非常适合初学者学习。

全书共分为 5 章,主要内容如下。

第 1 章主要介绍动作捕捉技术的概念、应用领域、研究现状和新特点与新趋势等。

第 2 章主要介绍惯性动作捕捉系统,其中就硬件系统和软件系统分别作了详细介绍。

第 3 章主要介绍光学式动作捕捉系统,分别对硬件系统、系统的初始化设置、数据预处理流程及数据的输出等作了介绍。

第 4 章主要介绍虚拟人物的骨骼设置,在 Maya 软件中对腿部、臂部、手指及躯干和头部骨骼的设置作了详细介绍。

第 5 章主要介绍了数据融合操作流程,首先介绍了 Autodesk MotionBuilder 软件,然后就数据与模型的融合和动作后期的剪辑与编辑作了介绍。

相信在看完本书之后,读者能对动作捕捉技术有初步的认识,并有深入的理解。在本书编写过程中得到了许多朋友的帮助和支持,在此一并表示感谢。由于编者水平有限,书中难免存在疏漏和不足之处,敬请广大读者批评指正。

编　者

2021 年 12 月

目　　录

第1章 绪 论

在传统的动画制作过程中,不管是二维动画还是三维动画,对于人物的动作或表情,可以通过手工进行绘制(二维),也可以通过动画师在三维动画软件中对角色模型的"骨骼"或控制器进行调节而生成。但是,如果发现人物或角色有非常复杂的动作和表情(比如中国的武术,各种舞蹈),并且调节动画的动画师对于所要调节的动作细节不是特别了解,则以上所说的两种方式会使影视动画中的角色比较僵硬,不够生动,甚至有可能出现一些主观上的错误。不仅如此,用这些方法制作动画花费时间长、效率低,实时性也较差。

早在 20 世纪 70 年代,迪士尼为了能制作出更吸引观众的动画电影,就曾试图通过捕捉演员的动作来提高动画制作的成效。如今,许多电影、动画或游戏都广泛使用了动作捕捉技术,该技术在现阶段已呈现出了众多新特点与新趋势。

计算机软硬件技术在 20 世纪得到飞速发展,伴随着需求的提高,动画制作等方面的要求也相应提高。动作捕捉技术的应用覆盖了游戏、影视创作、VR、人体学研究、物理学、生物学等领域。

类似动作捕捉的技术最早在 1915 年出现,当时动画大师 Max Fleischer 研制了一台放映机,其原理是将胶片内容显示到透光台上。凭借着这台放映机,动画师就可以很方便地照着画面中人物的动作造型来绘制角色动作,从而使笔下的角色栩栩如生。到 1994 年,三维运动轨迹捕捉技术正式商业化;而在 2011 年,利用最新动作捕捉技术拍摄的且没有真实动物参与表演的影片《猩球崛起》中,动作捕捉技术应用进入了新的高度。

1.1 动作捕捉技术的概念

动作捕捉(motion capture)技术涉及尺寸测量、物理空间里物体的定位及方位测定等方面,并可以由计算机直接计算、处理数据。在运动物体的关键部位设置跟踪器,由动作捕捉系统捕捉跟踪器位置,再经过计算机处理后向用户提供可以在动画制作中应用的数据。当数据被计算机识别后,动画师就可以在由计算机产生的镜头中调整、控制运动的物体。

较为完整的动作捕捉技术系统分为四个部分,分别是传感器、信号捕捉设备、数据处理设备和数据输出设备。传感器分布在捕捉物体上的各个关键部分,作为跟踪装置将运动物体的准确位置信息传输给接收器,再传回系统。信号捕捉设备在不同的动作捕捉系统中的硬件模块不一样,在机械式动作捕捉系统中,信号捕捉设备只是一个线路板;在光学式动作捕捉系统中,它是一台红外线摄像机。信号捕捉最主要的作用是采集和识别传感器传递的信息,从而反映物体的运动轨迹。数据传递设备将模拟信号进行转换,最终以数字信息的形式经信号捕捉设备传递到系统当中。数据处理设备起着非常重要的作用,它会修正传递过来的数据,然后根据数据建立三维模型和制作动画等。

动作捕捉技术最初在 20 世纪 80 年代用于捕捉人物行走动作,动作捕捉系统除了可以捕捉人物行走动作外,还能捕捉动物和机械结构等的运动。计算机软、硬件技术在飞速发展,动画制作要求也在不断提高,目前,在发达国家,动作捕捉技术已经进入了实用化阶段,许多厂商相继推出了多种商品化的动作捕捉设备,如 Motion Analysis、Polhemus、Sega Interactive、Mac、X-lst、FilmBox 等,其应用领域也不只局限于表演动画,其已成功用于虚拟现实、游戏、人体工程学研究、模拟训练、生物力学研究等诸多方面。

现如今,直接识别人体特征的动作捕捉技术将很快走向实用。不同原理的设备各有其优缺点,一般可从以下几个方面进行评价:定位精度、实时性、使用方便程度、可捕捉的运动范围、成本、抗干扰性、多目标捕捉能力。

从技术的角度来说,动作捕捉的实质就是要测量、跟踪、记录物体在三维空间中的运动轨迹。

1.2 动作捕捉技术的分类

从应用的角度来看,动作捕捉系统主要有表情捕捉系统和身体动作捕捉系统两类;从实时性来看,动作捕捉系统可分为实时捕捉系统和非实时捕捉系统两种。

目前绝大多数动作捕捉技术都是运用传感器来获取、传递运动数据的,传感器的类型有机械式、声学式、电磁式和光学式等,每种类型的设备都具备各自的优缺点,一般从定位精度、实时性、抗干扰性和与对口专业设备的匹配程度等方面对它们进行测评。

图 1.1 机械式动作捕捉系统

1. 机械式动作捕捉技术

机械式动作捕捉系统(见图 1.1)依靠机械装置来跟踪和测量运动轨迹。该系统由多个关节和刚性连杆组成,在可转动的关节中装有角度传感器,可以测得关节转动角度的变化情况。装置运动时,根据角度传感器所测得的角度变化和连杆的长度可以得出杆件末端点在空间中的位置和运动轨迹。这类产品的优点是成本低、精度高、采样频率高,其最大的缺点是使动作表演不方便,连杆式结构和传感器线缆对表演者的动作约束和限制很大,特别是会使连贯的运动受到阻碍,难以实现真实的动态还原。

2. 声学式动作捕捉技术

声学式动作捕捉系统(见图 1.2)一般由发送装置、接收系统和处理系统组成。其中,发送装置一般是指超声波发生器,接收系统一般由三个以上的超声探头阵列组成。其通过测量声波从一个发送装置到传感器的时间或者相位差,来确定物体到接收传感器的距离,并通过由三个呈三角排列的接收传感器得到的距离信息解算出超声波发生器与接收系统的相对位置。其最大的优点是成本低,缺点是精度较差、实时性不高、受噪声和多次反射等因素的影响较大。

3. 电磁式动作捕捉技术

电磁式动作捕捉系统(见图 1.3)一般由发射源、接收传感器和数据处理单元组成。发

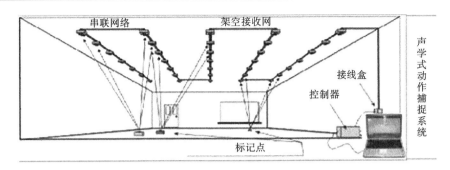

图 1.2　声学式动作捕捉系统

射源在空间产生按一定时空规律分布的电磁场；接收传感器安置在表演者身体的关键位置，随着表演者在电磁场中运动，接收传感器将接收到的信号通过电缆或无线方式传送给处理单元，根据这些信号可以解算出每个传感器的空间位置和方向。Polhemus 和 Ascension 公司是这类产品生产商的代表，其优点是使用简单、鲁棒性好和实时性好，缺点是对金属物体敏感。金属物体引起的电磁场畸变对精度影响大，会造成采样率较低，不利于快速动作的捕捉，线缆式的传感器连接同样对动作表演形成束缚和障碍，不利于复杂动作的表演。

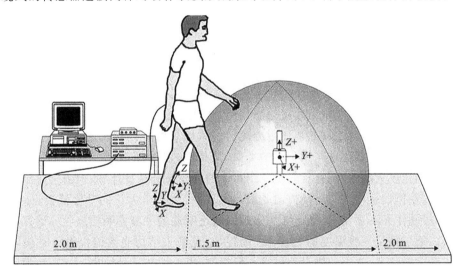

图 1.3　电磁式动作捕捉系统

4. 光学式动作捕捉技术

　　光学式动作捕捉系统基于计算机视觉原理，其通过多个高速相机从不同角度对目标特征点进行监视和跟踪来完成动作捕捉任务。理论上，对于空间中的任意一个点，只要它能同时为两部相机所见，就可以确定这一时刻该点在空间中的位置。当相机以足够高的速率连续拍摄时，从图像序列中就可以得到该点的运动轨迹。

　　这类系统的采集传感器通常都是光学相机，不同的是目标传感器类型不一：一种是在物体上不额外添加标记，以基于二维图像特征或三维形状特征提取的关节信息作为探测目标，这类系统可统称为无标记点式光学动作捕捉系统（见图 1.4）；另一种是在物体上粘贴标记点作为目标传感器，这类系统称为标记点式光学动作捕捉系统。

图 1.4 无标记点式光学动作捕捉系统

1) 无标记点式光学动作捕捉系统

无标记点式光学动作捕捉技术的原理大致有以下三种。第一种是基于普通视频图像的动作捕捉,通过二维图像人形检测提取关节点在二维图像中的坐标,再根据多相机视觉三维测量计算关节点的三维空间坐标。由于普通图像信息冗杂,这种计算通常鲁棒性较差、速度很慢、实时性不好,且关节点缺乏定量信息参照,计算误差较大,这类技术目前多处于实验室研究阶段。第二种是基于主动热源照射分离前后景信息的红外相机图像的动作捕捉,即所谓的热能式动作捕捉,其原理与第一种的类似,只是经过热源照射后,图像前景和背景分离使得人形检测速度大幅提升,这提升了三维重建的鲁棒性和计算速率,但由于热源从固定方向照射,导致动作捕捉时人体运动方向受限,难以进行 360°全方位的动作捕捉,如该技术对转身、俯仰等动作并不适用,且同样无法突破因缺乏明确的关节参照信息导致计算误差大的技术壁垒。第三种是三维深度信息的动作捕捉,系统基于结构光编码投射实时获取视场内物体的三维深度信息,根据三维形貌进行人形检测,提取关节运动轨迹。这类技术的代表产品是微软公司的 kinect 传感器,其动作识别鲁棒性较好、采样速率高、价格非常低廉。有不少爱好者尝试使用 kinect 进行动作捕捉,但效果并不尽如人意,这是因为 kinect 的定位是一款动作识别传感器,其不能进行精确捕捉,存在关节位置计算误差大、层级骨骼运动累积变形等问题。总体来讲,无标记点式光学动作捕捉技术普遍存在的问题是动作捕捉精度低,运动自由度解算缺失(如骨骼的自旋信息等),会造成动作变形等问题。

2) 标记点式光学动作捕捉系统

标记点式光学动作捕捉系统一般由光学标识点(Marker 点)、动作捕捉相机、信号传输设备及数据处理工作站组成,人们常说的光学式动作捕捉系统通常是指标记点式光学动作捕捉系统。在运动物体关键部位(如人体的关节处等)粘贴 Marker 点,多个动作捕捉相机从不同角度实时探测 Marker 点,将数据实时传输至数据处理工作站,根据三角测量原理精确计算 Marker 点的空间坐标,再从生物运动学原理出发解算出骨骼的六自由度运动。

根据标记点发光技术的不同,标记点式光学动作捕捉系统可分为主动式光学动作捕捉系统和被动式光学动作捕捉系统。

(1) 主动式光学动作捕捉系统。

主动式光学动作捕捉系统(见图 1.5)的 Marker 点由 LED 组成,LED 粘贴于人体各个主要关节部位,LED 之间通过线缆连接,由绑在人体表面的电源装置供电。其主要优点是采用高亮 LED 作为光学标识,可在一定程度上进行室外动作捕捉,LED 受脉冲信号控制,以此对 LED 进行时域编码识别,识别鲁棒性好,有较高的跟踪准确率。

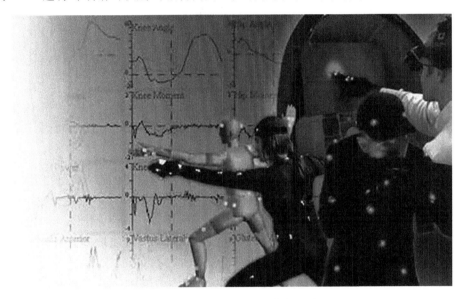

图 1.5 主动式光学动作捕捉系统

但该系统也存在很多缺点,具体分析如下。

① 时序编码的 LED 识别为相机在不同时刻对不同的 Marker 点进行采集成像来标识 ID,相当于在同一个动作帧中分别针对每个 Marker 点进行逐次曝光,这破坏了动作捕捉的 Marker 点检测的同步性,导致运动变形,不利于快速动作的捕捉。

② 由于相机帧率很大部分用于单帧内对不同 Marker 点的识别,因此有效动作帧采样率较低,这不利于快速运动的捕捉和数据分析。

③ LED Marker 的可视角度小(发射角为 $120°$ 左右),一个捕捉镜头内通常集成了两个相机实现近距离采集,这种窄基线结构导致视觉三维测量精度较低,并且在运动过程中由于动作遮挡等问题仍然不可避免地会导致频繁的数据缺失,为了尽量避免遮挡造成的数据缺失,需要成倍增加动作捕捉镜头的数量来弥补遮挡盲区问题,这会使设备成本成倍增加。

④ 由于时序编码的原理局限,系统可支持的 Marker 总数有严格限制,在保证足够的采样率前提下,同时采集人数一般不宜超过 2 人,且 Marker 点数量越多,单帧逐点曝光时间越长,运动变形越严重。

（2）被动式光学动作捕捉系统。

被动式光学动作捕捉系统（见图1.6）也称反射式光学动作捕捉系统，其Marker点通常是一种高亮回归式反光球，粘贴于人体各主要关节部位，动作捕捉镜头上发出的LED照射光经反光球反射至动捕相机，进行Marker点的检测和空间定位。

图1.6　被动式光学动作捕捉系统

该系统的主要优点是技术成熟、精度高、采样率高、动作捕捉准确、使用灵活快捷、Marker点可以随意增加和布置、适用范围广。

该系统的主要缺点如下。

第一，对捕捉视场内的阳光敏感，阳光在地面形成的光斑可能被误识别为Marker点，对目标造成干扰，因此系统一般需要在室内环境下正常工作。

第二，Marker点的识别容易出错，反光式Marker点没有唯一对应的ID信息，在运动过程中出现遮挡等问题容易造成目标跟踪出错，导致Marker点ID混淆，这种情况通常会导致动作捕捉现场实时动画演示效果不好，使动作容易错位，需要在后处理过程中通过人工干预进行数据修复，工作量大。不过新一代的技术都植入了先进的智能捕捉技术，新技术具有很强的Marker点自动识别和纠错能力，并很大程度上满足了现场实时动画演示的需要，大大降低了人工干预的工作量，从本质上进一步提升了系统的实用性。

5. 惯性动作捕捉技术

惯性动作捕捉系统（见图1.7）由姿态传感器、信号接收器和数据处理系统组成。姿态传感器固定于人体各主要肢体部位，通过蓝牙等无线传输方式将姿态信号传送至数据处理系统，并进行运动解算。其中，姿态传感器集成了惯性传感器、重力传感器、加速度计、磁感应计、微陀螺仪等元素，其可得到各部分肢体的姿态信息，再结合骨骼的长度信息和骨骼层级连接关系，计算出关节点的空间位置信息。代表性的产品有Xsens、3D Suit等，这类产品的主要优点是便携、操作简单、表演空间几乎不受限制、便于进行户外使用。但由于技术原理的局限，其缺点也比较明显：一方面，传感器本身不能进行空间绝对定位，通过各部分肢体姿态信息进行积分运算得到的空间位置信息会造成不同程度的积分漂移，使空间定位不准确；另一方面，原理本身基于单脚支撑和地面约束假设，系统无法进行双脚离地的运动定位解算;此外,传感器的自身重量及连接线缆也会给动作表演带来一定的约束,并且设备成本随捕捉对象数量的增加成倍增长,有些传感器还会受周围环境(如铁磁体)影响。

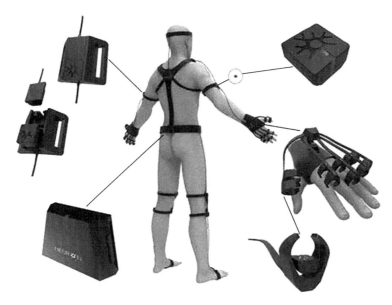

图 1.7 惯性动作捕捉系统

1.3 动作捕捉技术的应用领域

1. 动画制作

该技术极大地提高了动画制作的效率,降低了成本,而且使动画制作过程更直观,呈现的效果更生动。随着技术的成熟,表演动画技术的应用越来越广泛,动作捕捉技术作为表演动画系统中不可或缺且最重要的组成部分,必然会展现出重要的地位。

2. 提供新的人机交互手段

表情和动作是人类情感、愿望的重要表达形式,动作捕捉技术完成了将表情和动作数字化的工作,为人类提供了新的人机交互手段。它比传统的键盘和鼠标更直接、更方便,不仅实现了"三维鼠标"和"手势识别",还使操作者能以自然的动作和表情直接控制计算机,并为最终实现能理解人类表情、动作的计算机系统和机器人提供了技术基础。

3. 虚拟现实系统

为实现人与虚拟环境及系统的交互,需要确定参与者的头部、手部和身体等的位置和方向,并能准确跟踪和测量他们的动作。将这些动作实时检测出来,以便将数据反馈给显示和控制系统。这些工作对虚拟现实系统而言是必不可少的,这也正是动作捕捉技术的研究内容。

4. 机器人遥控

机器人向控制器发送有关危险环境的信息,控制器根据该信息采取相应的动作,动作捕捉系统捕捉动作并将其实时发送给机器人,控制它执行相同的动作。

与传统系统相比,该系统提供了更加直观、细致、复杂、灵活和快速的动作控制,显著提高了机器人处理复杂情况的能力。在目前机器人完全自主控制还不成熟的情况下,这项技术有着特别重要的意义。

5．互动式游戏

可利用动作捕捉技术捕捉游戏者的各种动作,用以驱动游戏环境中角色的动作,为玩家提供全新的参与体验,增强游戏的真实感和互动性。

6．体育训练

运用动作捕捉技术可捕捉运动员的动作,便于进行量化分析,其结合人体生理学和物理学原理,消除运动训练纯粹依赖经验的状况,进入理论化、数字化的时代。其还可以用于捕捉表现不佳的运动员的动作,并与优秀运动员的动作进行比较,帮助他们进行训练。另外,动作捕捉技术在人体工程学研究、模拟训练、生物力学研究等领域也大有可为。

随着技术本身的发展和相关应用领域技术水平的提高,可以预见动作捕捉技术的应用将会越来越广泛。

1.4　动作捕捉技术的新特点与新趋势

1．由室内摄影棚动作捕捉发展为户外实景动作捕捉

在当前的电影工业中,一般动作捕捉都是在专门搭建的摄影棚中完成的,例如2009年上映的电影《阿凡达》,在制作阶段,剧组建立了就当时而言史以来最大的拍摄与动作捕捉摄影棚,在摄影棚中一共有140台专用摄像机,捕捉设备主要采用的是光学式设备。当然,在摄影棚里拍摄和进行动作捕捉还是有不足的,因为当时演员缺乏与实景环境之间的互动,完全靠发挥想象力来完成设定的动作,而且摄影棚与户外有着完全不同的光学、光照环境,活动范围也很有限,所以,一般表演者更希望能在实景中完成动作并进行拍摄。户外实景拍摄对动作捕捉技术要求很高,其一,动作捕捉设备普遍较重,为了易于携带,需要简化设备;其二,一般采用的被动式光学捕捉系统是利用特定光谱范围内的光线来识别动作的,而在实景捕捉中必须解决环境光干扰的问题。到2011年,由于技术的不断革新与发展,动作捕捉设备已经非常轻便,基本上不会对表演产生很大的影响,而且现在已经开发出了主动频闪红外光LED标记点的新技术。户外实景动作捕捉技术已经比较成熟,在多部影片中都有应用。

2．由单角色捕捉发展为多角色与多道具捕捉

由于受到技术的限制,在早期的动作捕捉制作中,一般在搭建的动作捕捉摄影棚中只是对单一角色或单个道具进行动作捕捉,完成之后再进入三维动画制作软件中进行动作的修改与合成。因此,导演要在制作人员进行后期处理之后才能查看到捕捉的动作效果,这样做相当被动。现在的动作捕捉技术已经可以在户外捕捉多个角色或多个道具,更重要的是实现了人与道具及环境之间的交互。不仅如此,直接将现场的动作捕捉数据导入卡通角色或虚拟角色上,同时再加上虚拟摄像机后,就可以实时输出并预览影片,这样导演就可以在现场实时查看影片的动作质量,并及时指导演员进行表演。例如2011年年底拍摄的动画电影

《丁丁历险记》,导演和演员都可以实时观看加入了动作捕捉数据后的虚拟卡通角色的表演及加入了虚拟镜头的预览影片。

3. 面部表情捕捉

人的面部表情是十分复杂且微妙的,表情是表演的核心和精髓部分,其好坏直接影响一个角色被塑造得是否成功、鲜活、生动。要想毫无保留地展现演员的演技并将细微的表演表情转移到 CG 角色上去,难度非常大。早期的动作捕捉技术只能记录人体动作的数据,后来又演变成相对初级的表情捕捉,其方法是在人脸上加标记点或涂上绿色。在目前的面部表情捕捉中,演员通常戴着捕捉头盔,头盔上前置一个广角摄像头,利用演员脸上绘制的捕捉点来捕捉非常细腻的脸部表情,不需要记录点,就能实现面部表情捕捉。

表情捕捉可以实现完全逼真、毫无痕迹的模拟角色面部表演,并毫无保留地展示演员的精湛演技。

1.5　动作捕捉的新技术与新趋势将对电影工业产生的影响

1. 极大限度地扩展导演故事讲述的自由度

在电影制作过程中,尤其是在制作卡通片或科幻片时,导演总是受到现实世界中各种条件的限制。电影最终完成时,许多导演都会因为未能达到他们最初的设定而感到遗憾。得益于动作捕捉技术,导演不仅可以间接或直接操纵虚拟角色进行生动的表演,而且还可以摆脱技术的限制,将工作重点放在故事的讲述和呈现上面,这将在很大程度上扩展导演讲故事的自由度。

2. 对演员职业产生巨大影响

演员的外表条件将变得不那么重要,演员的演技会变得更加重要。以前,导演寻找演员时或电影学院招收表演专业的学员时,把外形条件看得更重要。现在,随着动作捕捉技术的出现,可以将演员的演技移植到虚拟角色上,而虚拟角色的外貌可以自由改变,那么演员的外貌就变得不那么重要了。

随着技术的发展,即使是真人影视作品,也可通过虚拟角色对其外形进行修正而只保留其表演部分,因此,随着动作捕捉技术的发展,有人惊呼,有一天演员这个职业会消失。这当然是不正确的,在 CG 领域,真人演员有其不可替代的作用。但动作捕捉技术无疑会对演员这个职业产生巨大的影响,演员外形条件的重要性将下降,而演技的重要性将上升,因此,演技真好的职业演员会获得更多的机会,而依赖外形条件的演员将逐渐被弱化甚至被淘汰。例如我们都熟知的《指环王》中的咕噜和《猩球崛起》中的恺撒的角色塑造,其动作都是优秀的动作捕捉演员安迪·瑟金斯所表演的。由于其出色的表演能力,再加上动作捕捉技术的发展,安迪·瑟金斯的事业在 36 岁后获得了较好的发展。

3. 使电影工业制作的产品质量更高

动作捕捉技术在早期对电影行业的影响相对较小,很多影片在制作虚拟角色时更愿意让经验丰富的动画师来手工调节角色的动态动画,因为那个时候这样做的效率更高。但是,随着技术的进步,动作捕捉技术的好处逐渐显现出来,现在,动作捕捉技术不仅在电影制作中广泛使用,在游戏制作、卡通制作等娱乐产品制作中也越来越多地被应用。当前的动作捕捉技术显著提高了制作效率,缩短了影片制作周期,从而降低了成本,提高了影片的整体质量。

当前的动作捕捉技术开始逐步成熟,新技术仍在不断涌现。比如从 2008 年开始,就有体感游戏系统 kinect 等技术系统可以在不做标记点的情况下捕捉身体的动态。目前的捕捉精度还不能满足电影行业的要求,但这也是新技术趋势之一。但无论技术如何演进,作品的内容、人们的艺术表现,才是影视产品的核心。我们不能本末倒置,不能因技术的发展而忽视了表演者艺术素养的提高与故事的精心创作。

1.6 动作捕捉技术国内外研究现状

我国主要对动作捕捉技术在实际应用方面做了深入的研究。殷建勤和山东大学的其他人提出了一种针对家庭服务的人类行为识别算法,旨在提高家庭服务机器人的智能化水平。早在 2000 年,中国科学院计算机研究所的王兆奇等人设计并开发了奥林匹克运动员的蹦床训练 VHTrampoline——数字化三维蹦床运动模拟与仿真系统。这不仅保证我们的运动员在跳水项目的绝对优势,而且还曾帮助我国蹦床运动员获得铜牌,打破了我国在奥运会蹦床项目的记录。

尽管近几年在国家政策及互联网浪潮等因素的推动下,我国 3D 动作捕捉系统行业得到了快速发展,取得了较大成就,市场普及度大大提升,应用领域也在不断拓宽,但是整体而言,我国 3D 动作捕捉系统行业还处于发展初期阶段,仍存在较多问题。

1. 科研能力较弱,技术水平落后

目前我国 3D 动作捕捉系统行业整体技术水平与欧盟、美国、日本等还存在一定的差距,产品质量和性能均有待提高。此外,我国 3D 动作捕捉系统企业的创新能力和研发能力相对较弱,在产品的研发上面常常落后于欧美等发达国家,无法占得市场先机。

因此,相关生产企业应该加大科研投入,提升自主创新能力,在与科研机构紧密合作,不断推出新产品、新功能的同时,注意完善整个产品体系性能的稳定性,以过硬的产品质量和先进的技术来占领市场。

2. 产品处于中低端水平,市场竞争力较弱

由于技术条件的限制,我国 3D 动作捕捉系统产品多以模仿国外先进技术产品为主,在功能和使用性能上没有创新和突破,产品多以中低端的为主,除具有相对的价格优势外,在市场上的整体竞争力较弱,在技术方面仍与欧美、日本等有很大的差距,在科研、设计、创新等方面,还有不少薄弱环节。目前,国内主要的 3D 动作捕捉系统市场也被国外知名品牌产品占据。这需要相关企业不断加大产品技术研究投入,以技术的进步推动产品质量的升级,从而提升企业的市场竞争力。

3. 产业链不完善,无法形成规模效应

目前,我国 3D 动作捕捉系统行业产业链缺失现象严重,无论是上游的传感器领域,还是下游的应用市场领域,都有待进一步完善。除此之外,尽管我国 3D 动作捕捉系统行业集中分布在北京、上海、广州等科技发展较为先进的地区,但是整体而言,分布还是较为分散。由此,我国 3D 动作捕捉系统行业由于产业链不完善及分布分散而无法形成规模效应,这不利于国内 3D 动作捕捉系统企业的联合发展。对此,相关生产企业应该寻求突破。

中国市场调查网行业分析师表示,3D 动作捕捉系统是近几年兴起的高新技术产业,在电影动画制作、游戏互动、虚拟现实、现代医疗等领域发挥着越来越重要的作用,尤其是在电影动画制作领域,市场需求在近两年呈飞跃式增长。未来,随着 3D 动作捕捉系统行业技术水平的不断提升,其将会被应用到更多的领域,应用领域的拓展也将会使产品的市场需求进一步扩展。除此之外,目前 3D 动作捕捉系统行业的发展得到了国家的大力支持,其是目前资本市场争相投资的热门行业之一,技术水平提升较为快速。随着技术研发能力的不断增强,我国 3D 动作捕捉系统行业的发展将会迈入新的阶段。

随着社会和科技的发展,动作捕捉技术愈发成熟。早在 1915 年,动画师马克斯·弗莱舍(Max Fleischer)发明了"Rotoscoping",这是一种通过真人镜头描绘动画的方法。某公司开发了"Waldo"面部和身体捕捉装置,同时,MIT 开发了以 LED 为基础的"图形木偶"技术作为第一个光学运动跟踪系统。

Kinect 传感器最初是作为微软 Xbox 游戏机的体感外设发布的。在对此感兴趣的开发者破解并建立了 OpenNI 软件框架后,Kinect 在计算机行业的研究和应用逐渐获得了更大的影响力。在这个阶段,微软已经发布了这个深度传感器的官方驱动和 SDK,进一步推动了体感技术的开发和应用。与 Kinect 的传感器的作用类似,华硕在 2011 年与 PrimeSense 合作推出了另一款深度传感器 Xtion。这个传感器的尺寸更小,功能更强大,并且支持 OpenNI 的开源库。此外,Shahram Izadi 和其他在微软剑桥研究院的人开发了一种能够使用深度摄像机的实时三维重构和交互系统。该系统利用摄像机对所看到的物体进行三维重构,实现了虚拟空间与操作者的实时交互。

在影视动画制作中,大规模使用动作捕捉技术是国外的主流,也是未来影视动画制作的发展趋势。

第一部使用动态影像的故事片是 1937 年迪士尼的《白雪公主和七个小矮人》。《指环王》(Lord of the Rings)在摄影棚或拍摄工作室中拍摄时,都允许动作捕捉演员安迪·瑟金斯(Andy Serkis)与其他演员互动。电影《阿凡达》的制作也引入了表演捕捉技术,包括肢体表演、面部表情和嘴唇动作。

动作捕捉技术大大提高了影视制作和动画制作的效率,降低了影视动画制作的成本,使影视动画制作过程更加直观、生动。

随着当代科技的发展和更新,动作捕捉技术也有了广泛的应用,这一技术被应用于虚拟现实系统中,可以实现人与虚拟环境的交互,同时,也可以将该技术应用于人体工程学研究、模拟训练、互动游戏、体育训练、生物力学等多个领域。

第 2 章　惯性动作捕捉系统

2.1　惯性动作捕捉硬件系统

VMSENS 基于惯性动作捕捉技术构建了 MoX Suit,该系统满足了对成本敏感的动作捕捉用户的需求,易于使用的软件/硬件系统满足了绝大多数用户的需求。MoX Suit 便携式全身惯性动作捕捉系统无须使用摄像机即可对人体动作进行捕捉,其在室内或室外均可使用,采用的惯性传感技术避免了信号阻挡或者标记物丢失的问题,可广泛应用于 3D 影视动画制作(游戏、电影、电视、广告等)、虚拟训练和仿真、运动科学、康复医疗、生物力学研究、人机工程学等领域。

MoX Suit 动作捕捉系统的开发基于 VMSENS 的先进的微型惯性传感器、多传感器融合算法(Sensor Fusion)与人体运动姿态解算模型(Biomechanical),其能够对人体数据进行实时动作捕捉。

MoX Suit 采用无线运动传感器节点,其是首个采用全身无线运动姿态追踪的动作捕捉系统产品,其应用领域非常广泛,包括以下几方面。

1. 3D 动画制作

MoX Suit 提供的平滑的、实时预览的动作捕捉数据减少了后期处理工作,能够满足小型 3D 工作室需求,简单易用的使用方式使得动作捕捉系统能够快速建立起来。

2. 虚拟现实、模拟训练和仿真

动作捕捉系统的建设简单到可以装载在手提箱内进行,这样的系统使得虚拟现实系统、仿真系统的构建异常简单,同时成本的控制使得系统的建设更加经济,MoX Suit 系统许可多人同时进行动作捕捉,并且提供了低延时的平滑数据。

3. 人体运动科学、体育竞技、康复医疗

MoX Suit 提供了运动加速度、转动量等原始物理量,使得科研人员可以更加快速地进行运动科学分析,促进交叉学科的科学研究。体育竞技训练的动作分析可以帮助运动员使用科学的方法提高运动竞技能力,其在康复治疗中也具有广泛的应用。

全姿态的运动追踪器与人体动力学模型(17 个关节点 Biomechanical 模型)进行数据融合,通过人体模型关系对人体的动作模式进行约束与矫正。

构成人体的模型是由球状关节连接而成的,每一个关节点的位置和角度都具有独特性,当传感器安装于人的身体上时,MoX Suit 通过先进的结算模型进行计算,对传感器位置与人体模型进行匹配,先进的解算系统可以自动计算人体每一段关节的位置与角度信息。

2.1.1　设备组成

MoX Suit 包装清单内包含运动测量传感器、备用传感器、MoX-Bus 数据采集器与发射器、MoX-Bus 无线数据接收器、捷联式安装弹力防滑绑带、相关软件等。

1. 运动测量传感器

运动测量传感器包含三轴陀螺仪、三轴加速度计、三轴电子罗盘等辅助运动传感器,通过内嵌的低功耗处理器输出校准过的角速度、加速度、磁数据等,通过基于四元数的传感器数据算法进行运动姿态测量,实时输出用四元数、欧拉角等表示的零漂移三维姿态数据。人体运动传感器示意图如图 2.1 所示。

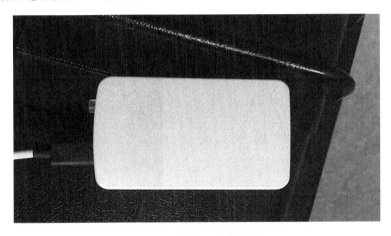

图 2.1　人体运动传感器

2. MoX-Bus 无线数据接收器

MoX-Bus 无线数据接收器用于接收 MoX-Bus 数据采集器发送过来的无线数据,并且通过 USB 接口传入 PC。无线数据接收器示意图如图 2.2 所示。

图 2.2　无线数据接收器

3. 传感器固定服及其他附件

根据不同的客户需求,MoX 系统提供不同的服装类型,包括全身连体紧身衣及安装绑带。采用全身连体紧身衣可使传感器固定牢靠,并且部署穿着方便。其他固定在头部、手部、脚部的传感器可以采用特制的手套固定器、头戴固定器、鞋子固定器进行固定,如图 2.3 所示。

4. 电源组成

为保证电源供电的稳定运行,MoX Wireless 系统采用锂电池供电,也可以采用常规的USB 设备进行供电,如图 2.4 所示。

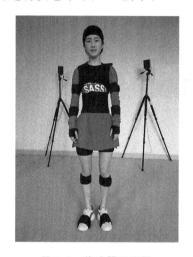

图 2.3　传感器固定服

图 2.4　充电装置

2.1.2　设备使用须知

1. 运动限制

陀螺仪具有高速的动态性能,其可以用于测量转动的角度,任何陀螺仪都具有最大转速限制,如果长时间工作在接近最大转速转台,会导致出现错误的结果,VMSENS 采用了目前具有广泛应用的 MEMS 陀螺仪,可以保证大多数应用系统具有高速的动态性能,对于用户而言,如果应用的转动速度超过产品说明中的转速,VMSENS 提供的产品会出现错误,VMSENS 使用的陀螺仪的抗冲击力可以高达 $10000g$,高速的瞬时冲击可导致器件损坏。

2. 磁场限制

VMSENS 运动姿态测量产品在内部集成了三轴磁场传感器,外部磁场的变化或者任何可引起磁场变化的铁磁性物质都会导致运动姿态的测量数据错误。

在运动姿态测量过程中,磁场的变化会影响航向测量发生错误,VMSENS 提供了标准的磁校准程序,通过磁校准程序可以校准掉磁偏置,从而保证测量准确性,但是意外的外部磁场变化会导致测量结果错误,RF 射频电路、铁磁性材料、发电机、电动机等可以产生磁场的物体都会使得磁传感器失灵,使测量出现误差。

注意:请勿把 VMSENS 产品放置于强磁场环境下。

3. 温度限制

VMSENS 公司提供的运动姿态测量产品内部测量传感器使用的是基于 MEMS 技术的传感器,这一类传感器会不同程度地受到温度变化的影响,过高或过低的温度会使传感器的测量精度受到一定的影响,因此,如使用环境温差较大,且对测量精度具有较高的要求,请谨慎使用。此外,在超过标定温度的情况下,可能会损坏设备,适宜温度为 $-20\sim40\ ^{\circ}\text{C}$。

在清洗服装之前,请确保所有的电缆、传感器、MoX-Bus 器件被卸掉,并按照以下要求清洗:轻轻柔洗;水温要适宜,30 ℃ 为最佳温度;不能甩干;不能干洗。

4. 加速度限制

加速度错误可能会导致测量系统参考方位错误。会导致加速度计测量错误的情况主要有以下几种。

(1) 长时间处于超过量程的高速加速状态。

(2) 超过带宽设计的长时间振动(可以定制,目前 VMSENS 公司 5g 加速度产品默认值为 50 Hz)。

(3) 瞬时高速冲击。

用户在使用加速度计时需要注意以上几点,并需要熟悉设计系统的性能和需求。

2.1.3 动作采集准备工作

首先要在舞蹈人员身上绑好带子,以在舞蹈人员身体上粘贴定位跟踪点,注意根据传感器箭头标识的方向进行匹配,如图 2.5 所示。配置好跟踪点后让舞蹈人员进行舞蹈表演并让计算机通过特殊的摄像头记录这些跟踪点的位置,图 2.6 所示。

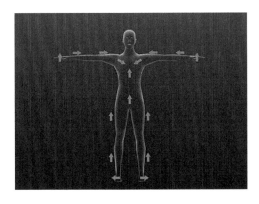

图 2.5 传感器的箭头标识

图 2.6 配置好跟踪点的舞蹈人员

2.2 惯性动作捕捉软件系统

MoX 系统提供了一整套的软件支持开发包。

1. MotionBox Studio

最简单的开始使用 MoX Suit 的方式是使用 MotionBox Studio,通过 MotionBox Studio 视窗图形化界面交互程序,可以实时浏览 3D 人体运动追踪结果,并且可以对数据进行编辑、记录、输出等操作。

2. MotionBox Network Streaming

使用 MotionBox 的同时，网络数据流将会输出，输出的数据可用来维持 MotionBox Studio 程序的正常使用，此外，通过 MotionBox Streaming Server 输出的运动数据可供网络中的其他 PC 系统使用，或供第三方开发的独立程序使用。通过 MotionBox Streaming Server 可以让多台电脑同时进行工作，例如一台电脑进行动作捕获，另一台电脑进行动作预览、场景渲染，用户自行编写的动作捕捉软件同样也可以使用。

其他可选软件开发包有人体推算引擎 SDK，基于 TCP/IP 的 Network Streamer，以及第三方插件。

2.2.1 MotionBox Stream Server 的使用

MotionBox Stream Server 是动作捕捉系统的运行核心，通过 TCP/IP 协议可以将人体运动姿态数据传输到任何第三方软件。

开启 MotionBox Stream Server，目前 Motion Suit 支持通过以下两种方式打开服务进程。

（1）通过 MotionBox Studio（下一节进行详细介绍）的设置选项打开。

（2）通过安装目录下的 MotionBox Stream Server 打开，如图 2.7 所示。

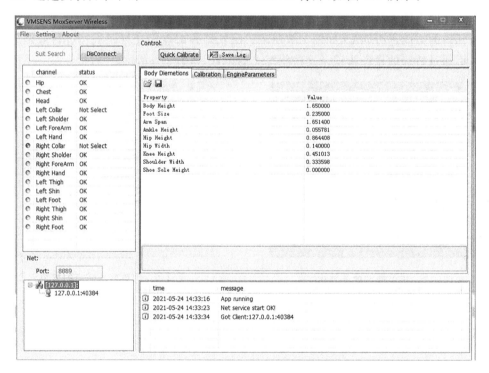

图 2.7　MotionBox Stream Server 界面

启动连接信息图标，此时可以看到所有传感器输出的姿态信息数据，用户点击"Suit Search"按键，等待传感器状态由红色变为绿色。

2.2.2　MotionBox Studio 的使用

1. MotionBox Studio 介绍

（1）基本功能介绍。

MotionBox Studio 是一款图形化的动作捕捉应用软件，通过 MotionBox Studio 可以实时预览、渲染、记录、捕捉运动数据。同时采用 MotionBox Studio 还可以编辑、修改之前记录的动作捕捉数据。MotionBox Studio 界面如图 2.8 所示。

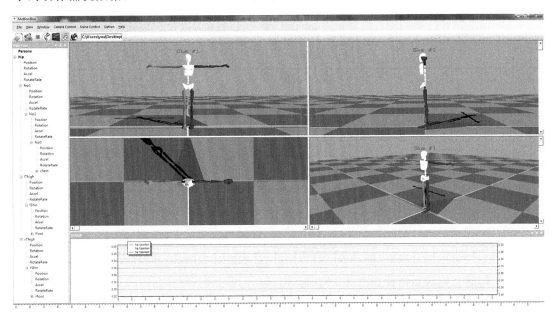

图 2.8　MotionBox Studio 界面

菜单栏如图 2.9 所示。

图 2.9　菜单栏

通过菜单栏可以找到表 2.1 所示的功能选项。

表 2.1　菜单功能选项

一级菜单	二级菜单	描述
	Exit	退出
File	Export	导出文件
	ServerStart	启动服务

续表

一级菜单	二级菜单	描述
View	Standard	标准界面
	Time	时间轴
	Data View	数据窗口
	Output	输出界面
Window	One Window	单窗口
	Two-Window	双窗口
	Four-Window	四窗口
Camera Control	Follow-Front	前视图
	Follow-Right	右视图
	Follow-Top	顶视图
	User Control	自定义视图
Scene Control	Show Floor	显示地板
	Show Shadow	显示阴影
	Show Label	显示标签
Option	Preferences	设置首选项

（2）快速功能应用图标如图 2.10 所示。

图 2.10 快速功能应用图标

通过快速功能应用区域的按钮，用户可以快速进入相关的功能演示（见表 2.2）。

表 2.2 快速功能演示

Icon	Task	描述
	New	新建 .bvh 文件
	Save As	另存为 .bvh 文件
	First Frame	跳至第一帧

Icon	Task	描述
	Previous Frame	上一帧
	Play	播放
	Pause	暂停
	Next Frame	下一帧
	Last Frame	跳至最后一帧
	Connect	连接 MotionBox Streaming Server
	Start Capture	开始捕获动作
	Stop Capture	停止捕获动作
	Disconnect	断开 MotionBox Streaming Server
	Reset Camera	模型和镜头恢复初始位置

续表

Icon	Task	描述
T	T-Pose	T-Pose 校准
	Server	调用 MotionBox Streaming Server 界面

（3）时间轴如图 2.11 所示。

图 2.11　时间轴

注意：动作捕捉时间越长，需要保存文件的时间越长。

2. 数据采集流程

（1）软件启动。

启动连接信息图标，此时可以看到所有传感器输出的姿态信息数据，用户点击"Suit Search"按键，等待传感器状态由红色变为绿色。

然后再打开 MotionBox Studio，当 MotionBox Streaming Server 工作正常，并显示各模块数据之后，点击 Connect 链接 MotionBox Streaming Server 并做校准，之后点击 Start Capture 开始捕获动作。

（2）数据模型校准。

在开始进行数据采集工作之前，先让表演者（受试者）摆成 T 字形，进行仪器软件的校准。校准过程需要保证所有传感器处于连接工作状态。点击菜单 Option→Modify 可查看指定帧、指定关节的欧拉角数据（惯性坐标系）。在捕捉动作数据时需要注意人体模型校准，校准过程需要保证所有传感器处于连接工作状态。

（3）T-Pose 校准。

T-Pose 校准是最基本的校准过程，进行 T-Pose 校准时，需要注意以下问题：水平站立，双脚的距离与肩同宽，挺胸，眼睛目视前方，后背尽量保持在一个平面，双臂水平抬起，手掌朝下。当受试者已经摆出标准的 T-Pose 姿势后，用户点击界面中的 T-Pose 校准按钮，就可以完成初步校准，注意 T-Pose 校准是基本的校准过程，会直接影响后面的校准流程数据结果，校准时一定要仔细。

第三方人员可以对 T-Pose 姿势进行检查：转动肘部关节旋转上臂，以保证上下臂在同一水平面上。

校准时表演者可以站在任何方向上，但是，应当注意避免电磁干扰。

当表演者已经摆出标准的 T-Pose 姿势后,用户点击界面中的 T-Pose 校准按钮,就可以完成初步校准,如图 2.12 所示。

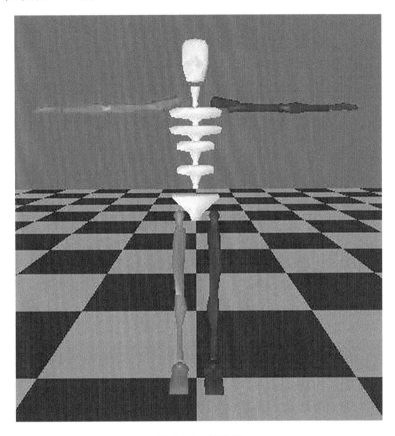

图 2.12　校准图

（4）人体模型参数信息与校准。

在"选项"菜单下或者快速启动区点击校准按钮,可以进入模型校准过程。对于基本的校准过程,需要用户输入人体身高与脚长信息（以厘米为单位）,通过这两个信息,Motion Suit 可以根据校准过程,通过测量的人体基本关节长度自动计算出人体模型其他相关关节的长度。

对于 Motion Suit 动作捕捉流程,基本校准就可以满足迅速开展工作的需求,对于要求更加精准的校准,其校准过程也更加复杂,其需要输入的关节长度的数量会更多,以应对更加精准的要求。

人体模型的基本关节长度包含众多信息,如膝盖长度等,这些信息是依据临床解剖学等构建的。采集数据时应该准确测量模特关节长度,并如实填写,如图 2.13 所示。完成校准后,进行采集工作。

（5）数据捕捉。

当 MotionBox Streaming Server 工作正常,并显示各模块数据数值之后,点击 Start Capture 开始捕捉动作,这时模特开始预定动作。

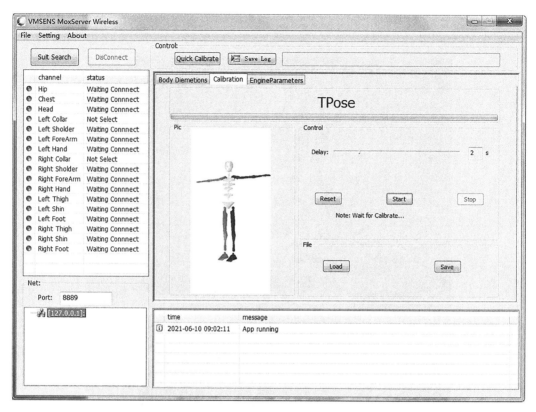

图 2.13　T-Pose 校准

（6）数据输出/保存数据。

点击 Stop Capture 结束动作捕捉功能，点击 Save As 保存为.bvh 文件。

（7）动作回放。

点击 Disconnect 断开与 MotionBox Streaming Server 的链接，点击 Play 可进行动作回放。

（8）动作数据查看。

点击菜单 Option→Modify 可查看指定帧、指定关节的欧拉角数据（惯性坐标系）。

第 3 章 光学式动作捕捉系统

一个典型的光学式动作捕捉系统一般用一台计算机来控制从一些数字 CCD(Charge-Coupled Device,电荷耦合器件)相机输入进来的数据。CCD 是指一些感光装置,它用一些排列的光电感应元(或者称为像素)捕捉光,然后每一个感应元会测量出光的强度,同时产生一个图像的数字表达方式,一个 CCD 照相机的像素排列可以是从 128×128 到 4096×4096 甚至更高的排列结果。很显然,像素数越高,解析度越好。每秒钟捕捉样本的速率称为 1 帧速率,要足够快,才能捕捉到高速运动中的细微差别。另一个要注意的重要地方是同步的摄像,如 LED(Light-Emitting Diode,发光二极管),这种设备在光学式动作捕捉装置的相机上通常都已经装备了。

一个动作捕捉应用的相机数量通常不少于 4 个,不多于 32 个,它们捕捉反射标记点的速率无论在什么地方都是每秒钟 30 帧到 1000 帧。相机通常与它们自身的光源相适配,光源可以制造出从标记点的直线反射,标记点是一种涂有特殊材料的球状的东西。红外光使捕捉画面几乎不失真。标记点小球的直径大小不一,可以是在小范围内捕捉时的几毫米,也可以是几英寸(1 英寸≈2.54 厘米)。

大部分光学式动作捕捉系统都是为医用而制造的,所以它们缺少一些提供给 CG 的主要功能。Vicon 8 是第一个为 CG 设计的系统。直到最近,光学式动作捕捉系统还不支持 SMPTE 编码,SMPTE 时间编码是一个已用在很多电影和电视中的时间表述方法。即使你已经录像记录捕捉时的活动,也不可能容易地把视频匹配到实际的运动数据中去。运动数据中有了时间编码,就可以编辑文件,应用实况录像,可适当地调整角色的动作。Vicon 8 的另外一个非常有用的新功能是活动(Session)的辅助录像,可以与实际的捕捉数据同步。这个辅助录像功能是 Vicon 8 软件自带的,在捕捉时可以拍摄生成.avi 视频文件。这些录像对后期的处理和应用有非常大的好处。

光学系统必须被校准,要让所有的相机都能跟踪到目标,使软件能够辨识出三维物体,比如带有反射标记点的立方体和棒状物。利用所有相机对物体在三维透视关系上的相互结合,可以计算出每一个相机在空间中的精确位置。相机即使受到很微小的振动,也必须重新校准。每次经过几分钟的捕捉后,重新做一次校准,是一个好的方法,因为任何振动或碰撞都会造成相机的移位,特别是如果装置放在不牢固的地板上。

一个单独的点在三维空间中的位置至少需要两个视角的跟踪,需要用额外的相机保持至少两个相机到每一个标记点直达的视线。这并不表示越多的相机就越好,因为每多增加一个相机就会延长后期处理的时间。要根据类型、速度、动作的长度、进行捕捉的场地、可利用的光来采取适当的相机数量进行追踪。

相机把拍摄到的画面转化成数字形式输入计算机内,接下来就要进行后期处理了。

第一步是试着生产出一个干净的、仅包括标记点运动的录像重放,采用特殊的图像处理方式可以减少杂乱和分离标记点,将图像从环境中剥离出来。最基本的处理方法是分开所有的超过预先确定的发光度极限的多组像素。如果软件足够智能,它会利用邻近的帧来帮助解决任何特殊帧的问题。在下一步处理中,系统的操作者可以控制很多的变量,比如制定每一个标记点的最大的和最小的界限,这样软件就能忽略那些小于或者大于这些值的任何点。

第二步是确定每一个相机拍摄到的每一个标记点的二维坐标。这个数据将在后面和相机的坐标与其余相机所提供的数据互相结合,从而可使相关人员获得每一个标记点的三维坐标。

第三步实际上是依次指定每个标记点。此过程需要操作员进行大量工作,因为必须手动记录每个标记点的初始位置。在指定标记点后,软件将处理接下来的工作,如果碰到点闭塞和交叉,操作者必须在该点重新指定标记点,以便系统继续计算,直到所有的序列(Sequence)被处理完,就会有一个包括所有行的标记点的位置数据的文件被储存。

生成的文件包含标记点的全局位置,这意味着在每一帧中列出了每一个标记点的不包括层级和旋转的笛卡儿坐标。用这种文件去制作电脑动画已成为可能,但是还要在动画软件内做更多更广的设置,以在最后操纵变形骨架。富有经验的技术人员将会在使用这些软件中获益,因为它允许在角色设置中有更多的控制选项。对于一般的用户,数据也应该做进一步处理,数据至少应包括有骨骼层级和四肢旋转的点。

3.1 光学式动作捕捉硬件系统

3.1.1 相关产品简介

英国 Oxford Metrics Limited(OML)公司是世界上著名的光学式动作捕捉(Motion Capture)系统的供应商,该技术于 20 世纪 70 年代提供给皇家海军,可用于遥感、测量和控制技术的研究。进入 20 世纪 80 年代,他们将自己在军事领域里的高新技术逐渐用于民用方面,在医疗、运动、工程、生物等诸多领域生产制造用于动作捕捉的 Motion Capture 系统。20 世纪 80 年代末,OML 又将动作捕捉系统技术应用于影视的动画制作领域。Vicon 是英国 OML 公司生产的光学动作捕捉 Motion Capture 系统,它是世界上第一个设计用于动作捕捉的光学系统,它以自己非凡的技术性能在 Motion Capture 系统硬件制造领域赢得了极高的声誉,并且改写了 Motion Capture 系统传统意义上涵盖的内容。它由一组网络连接的 Vicon MX 动作捕捉摄像机和其他设备建立起一个完整的三维动作捕捉系统,以提供实时光学数据,这些数据可以被应用于实时在线或者离线的动作捕捉、分析,应用领域涉及动画制作、虚拟现实系统、机器人遥控、互动式游戏、体育训练、人体工程学研究、生物力学研究等方面。

Vicon 系统是一种高度准确和可靠的光学式动作捕捉系统,它提供的实时光学数据可用于实时在线或离线动作捕捉和分析。Vicon 开发了自己的专利——Vicon Vegas 传感器,它提供高分辨率和高捕获频率,实时捕捉三维效果好,功能强。

MX Control 提供了 Vicon MX 系统与第三方设备之间的接口,包括测力板、肌电设备、音频、数据手套、眼球跟踪器或其他数字设备,其也包含其他附加的板卡以增强 Vicon MX 系统的功能。捕捉摄像机精度高,得到的数据非常稳定,捕捉距离也很远。MX 系统安装调试方便,与旧系统的数据服务器分离,便于运输和携带。软件界面人性化,数据处理能力强大,批处理功能非常方便;局部捕捉标记点即使被身体挡住,经过软件处理后仍然可以得到令人满意的输出。

3.1.2　硬件仪器主要部件

Vicon MX 系统硬件主要包括以下部件。

MX 摄像机:包括捕捉特殊波长区域光波的红外拍摄器、发光器、镜头、光学过滤器及连线等,如图 3.1 所示。

图 3.1　MX 摄像机

MX 组件:由 MX NET、MX Link 和 MX Ultranet HD 组成 Vicon MX 系统的分布式构架以适应系统中的 MX 摄像机及来自第三方的硬件设备。

PC 主机:需要注意的是,在安装 Vicon 软件之前,系统中使用的 PC 的 IP 地址必须设为 192.168.10.1,子网掩码应设为 255.255.255.0,同时需要关闭 Windows 防火墙,这样才能保证软件正常安装和使用。

用于 Vicon 系统和第三方测试系统硬件设备的信息如下。

MX 专用连接线种类包括:摄像机发光器部分之间的连接线;摄像机或 MX Ultranet HD -MX Net 之间的连接线;MX Net-MX Link 之间的连接线;MX Link-MX Link 之间的连接线;MX Net 或 MX Link-PC 主机之间的连接线。

校准套件:包含 5 个 Marker 点的 T 形校正架,用于精确校准 Vicon MX 系统。

标准配件:Vicon MX 系统标准配件通常包含粘贴反光球用的胶、捕捉时穿着的紧身服、软件加密狗、Vicon MX 系统捕捉用反光球(直径有 9.5 mm 和 14 mm 两种规格)。

3.1.3 仪器调试

1. MX 摄像机的调试

Vicon 系统中共有 8 台摄像机,应保证在安装使用前进行以下调试:光圈一般设置为 2.0~2.5,焦距一般设置为+∞,应特别注意,外侧的红外线发光圈应尽量与镜头外缘保持平齐。

2. MX 摄像机与 MX Ultranet HD 盒的连接

系统中的 8 台摄像机通过摄像机后方的"net connect"接口由数据线分别连接到 MX Ultranet HD 盒后方左边最上部的 10 个"Vicon Cameras"接口上。注意连接线接口上的红点应与相机标号数字对齐插入。由于每个 MX Ultranet HD 盒只有 10 个"Vicon Cameras"接口,因此 8 台摄像机需要 1 个 MX Ultranet HD 盒,如图 3.2 所示。

图 3.2 MX Ultranet HD 盒的连接

3. MX Ultranet HD 盒与 PC 的连接

找到 MX Ultranet HD 盒后方左下部的一排"GIGABIT ETHERNET CAMERAS"接口中最右边的一个白色标识的"PC"接口,用网线将其与 PC 连接。

3.1.4 配套软件说明

使用 Vicon 光学式动作捕捉系统采集、处理和演示测试数据,主要用到的软件有两个,分别是 Nexus 和 Polygon。Nexus 软件的主要功能包括校准传感器、采集数据和处理智能数据,也可用于和其他第三方测试手段(如测力平板、肌电等)同步。Polygon 软件是一个多媒体演示软件,它可以把测试数据通过多种手段(如图表、视频等)全方位而直观地显示给观看者,并可以结合通过第三方测试手段得到的数据进行同步演示,以便更好地处理测试结果。

3.2　光学式动作捕捉系统初始化设置

3.2.1　摄像机设置和采集区域选择

（1）将 T 形校正架置于预定的动作采集区域,并用数个反光球圈定大致的运动范围,便于下一步调整摄像机位置(注意:T 形校正架上,带有把手的那一根对应 Y 轴方向),以 Vicon 系统与四块测力台同步测试为例,校正架、反光球和测力台的位置关系如图 3.3 所示。

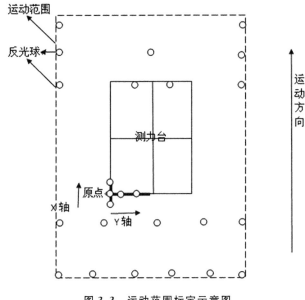

图 3.3　运动范围标定示意图

（2）在运动范围的不同水平线上摆放不同数量的反光球,以便在后面的操作中找到正确的运动方向,并调节相应的相机位置。在标定时应注意移除或遮盖拍摄范围内其他可能反光的物品,避免阳光、灯光和其他反光物品对识别产生影响。

（3）将密码狗插入 PC 的 USB 接口,打开两个 MX Ultranet HD 盒上的开关,"STANDBY"指示灯熄灭,说明 MX Ultranet HD 打开。

（4）鼠标左键双击桌面上的软件图标,打开 Vicon Nexus 程序,将会显示一个数据采集界面,如图 3.4 所示。

（5）在窗口左上方的"Resources"栏里,依次找到"System"→"Local Vicon System"→"Vicon Cameras",可以看到全部 7 台摄像机,如果硬件连接正确无误,则所有摄像机前方均显示绿色,如图 3.5 所示。

下一步操作是设定系统中的摄像机,单击选中其中一台摄像机,此时被选中的摄像机上会亮起蓝色指示灯。在"Perspective"窗口选择"Camera",如图 3.6 所示,则可以看到该摄像机所识别的反光点。

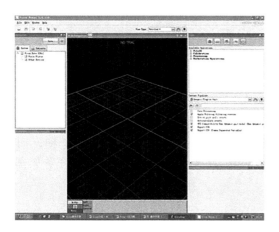

图 3.4   Nexus 软件界面

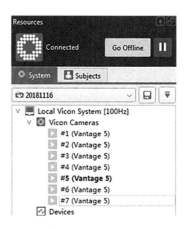

图 3.5   MX Cameras

**图 3.6   在"Perspective"窗口
选择"Camera"**

在"Properties"工具栏所显示的摄像机拍摄区域，可以通过以下操作进行视角的调整，以便更好地观察和调整反光点：按住鼠标左键移动鼠标，可以进行视角的旋转；按住鼠标右键上下移动鼠标，可以进行视角的远近缩放；同时按住左右键移动鼠标，可以进行视角的移动。以上操作也同时适用于"Properties"工具栏在动作采集及数据分析过程中所有的观看模式下的视角调整。在"Camera"界面下可以看到选中的摄像机识别到的反光点，这时应通过左下方的"Properties"工具栏对摄像机参数进行调整，保证能正确识别需要的反光点，如图 3.7 所示。

在"Properties"工具栏中需要调整的参数包括以下几项（注意"Properties"工具栏中的第一项"Identification"中的"Name"不需要输入）。

（1）Strobe Intensity 的取值范围一般是 0.95～1，在地面反光较强或相机离标志点过近的情况下，可适当调低该值，但一般不要低于 0.8。

（2）Threshold 选项用于调整显示识别点的灰度比例，该值越小，则灰色部分越多，识别点显示越大，反之，则白色部分越多，识别点显示越小。参考取值范围是 0.2～0.4。

（3）Grayscale Mode 为灰度模式选项，建议在进行标定时，选择"All"选项，这样可以防止软件把两个距离过近的点识别成干扰点而导致错误。在完成标定并调整好相机开始正式采集数据时，则应把该选项改为"Auto"，这样可以使采集到的数据量不至于过大。

（4）Mninmum Circularity Ratio 选择 0.5。

（5）选中 Enable LEDs。

可以通过按住"Ctrl"键并单击或按住"Ctrl"键并拖曳同时选择多个摄像机进行观察调整。如图 3.8 所示，选择后，"Properties"窗口中会显示所有选中摄像机的拍摄情况，而在"Settings"工具栏中，可以同时对所有选中摄像机的参数进行设定，也可以通过打开下拉列表对每一个摄像机的参数进行分别设定。

通过参数设定，反光点符合以下几个标准时，说明识别效果较好。

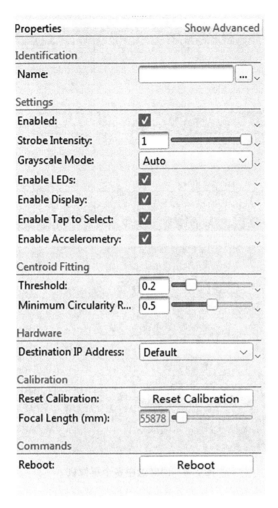

图 3.7　"Properties"工具栏

（1）反光点在屏幕上显示稳定。

（2）反光点外围正好被完全圈住，不会过大或过小。

（3）反光点的中心部分呈白色，边缘有一小圈灰色部分包裹，且中心和边缘的形状均比较规则，如图 3.9 所示。

摄像机的参数设定完成后，则可以手动调节每个摄像机的位置，以保证每个摄像机都可以完全拍摄到框架和运动的主要范围。具体操作时，应注意以下几点。

（1）应在地面上方留出必需的拍摄范围，尤其应注意受试者身高和动作类型，如需采集跳跃、上肢鞭打等动作时，更应加以注意。

（2）应尽量保证每个摄像机都能看到活动的整个范围，但也要兼顾摄像机位置关系和上面提到的活动空间问题，尤其是活动范围较大时，可以使上方前部摄像机主要拍摄运动范围后方，上方后部摄像机主要拍摄运动范围前方，左右侧摄像机主要拍摄活动中心区域（如与测力台同步时，主要拍摄测力台范围内），通过拍摄区域的侧重不同和交互交叉重合，实现对整个运动范围的覆盖。

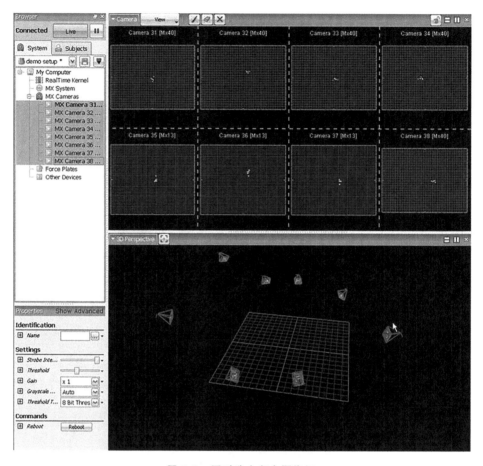

图 3.8 同时选中多个摄像机

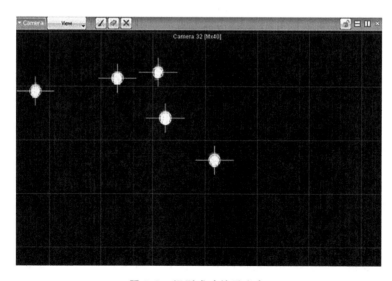

图 3.9 识别成功的反光点

（3）通过调节摄像机的位置，避开拍摄环境中明显的干扰点和其他摄像机的干扰。

所有的摄像机均完成参数设定和位置调节后，应把以上设置进行保存以便在今后的测试中快速调出使用。点击"System"栏最右侧带有黑色向下箭头的"Configuration Menu"键，选择"Save as"，为该设定状态命名，完成保存。

保存设定状态后，要去除拍摄范围内的干扰点（大多来源与地面反光），在"Properties"工具栏上部有三个按钮（见图 3.10），从左至右分别是："Paint a Mask onto the Camera"（用于遮蔽干扰点）、"Erase a Mask from the Camera"（取消对屏幕上某点的遮蔽）和"Clear the Mask from the Camera"（清除对屏幕上所有点的遮蔽）。

图 3.10　去除干扰点

3.2.2　标定

（1）每次测试前，需要对系统进行标定，标定步骤如下。

定位 MX Cameras，使用"Aim MX Cameras"选项，该操作在初次架设摄像机时进行，目的是让系统初步识别摄像机的空间位置。

首先我们来进行"Aim MX Cameras"操作。

将 T 形校正架放置在拍摄区域的中心，选中系统中的所有摄像机，使用 2D 模式，确认所有摄像机都可以看到 T 形校正架，且没有干扰点，并尽量保证 T 形校正架位于所用相机拍摄区域的中心位置。

选择 3D 观看模式，点击"Aim MX Cameras"选项下的"Start"键，此时"3D Properties"窗口中会显示出摄像机的大致位置关系，如图 3.11 所示。

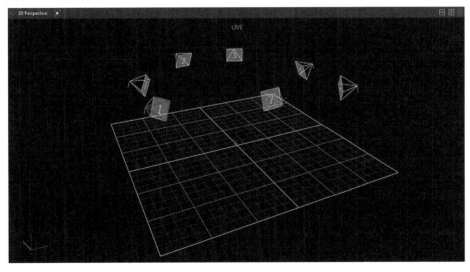

图 3.11　点击"Aim MX Cameras"

然后在最上方菜单栏里的"Window"选项下选择"Options",在弹出的"Options"窗口中,选择"Camera Positions"项,在"Extended Frustum"下拉列表中,选择最后一项"Select Cameras Only"。

由于刚才选择了系统中所有的摄像机,此时的"3D Properties"窗口中会显示所有摄像机的拍摄区域,如图 3.12 所示。

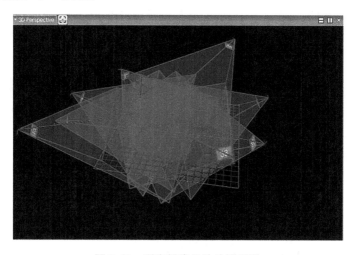

图 3.12 所有摄像机的拍摄区域

此时如果选择系统中的某一台摄像机,"3D Properties"窗口中会显示该摄像机的拍摄区域,第一步"Aim MX Cameras"的操作完成。

(2) 标定 MX Cameras,使用"Calibrate MX Cameras"选项。

在拍摄区域内挥动 T 形校正架,由摄像机采集标志点的运动数据,以取得摄像机的位置和线性信息。

选中所有的摄像机,使用"3D Properties"窗口右上方的分屏按钮 ⊟ 进行分屏,在"Options"窗口中,选择"Camera Positions"项,在"Extended Frustum"下拉列表中,选择最后一项"Off",显示如图 3.13 所示的窗口。

由测试人员手拿 T 形校正架,在整个拍摄范围内挥动,此时界面会显示每个摄像机采集到的标志点轨迹,点击"Calibrate MX Cameras"选项下方的"Start"键("Start"键被点击后会自动变为"Stop"键),开始标定,如图 3.14 所示。

标定开始后,摄像机不断采集标志点的数据,并把采集到的有效数据显示在"Tools"窗口下方的"Camera Calibration Feedback"工具栏里,随着采集到的数据量增加,"Wand Count"列显示采集到的有效数据,每个摄像机至少需要采集到 1000 帧的有效数据。此时每台摄像机上的标志灯会显示该相机的采集情况:黄色指示灯在采集时开始闪烁并越来越快,当该相机采集到足够的数据后,绿色灯亮起。采集全部完成后,系统自动停止采集,并开始计算,此时工具栏上方的进度条会显示计算进度。当计算完成后,进度条恢复到 0%,"Image Error"列会显示计算出的数值,整个过程如图 3.15 所示。

此时需要检查"Image Error"列显示的计算出的数值,一般要实现比较成功的标定,则要求所有数值之间差异较小,并均小于 0.3(一般情况下,我们计算出的结果都小于 0.1)。

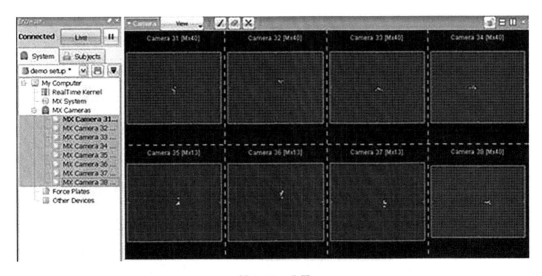

图 3.13　分屏

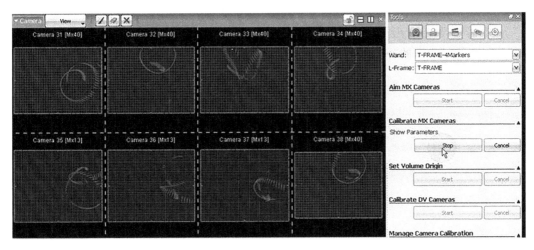

图 3.14　开始标定

Camera Calibration Feedback

0%

Camera	Wand Count	World Error	Image Error
#1 (Vantag...	1018	0.269654	0.180732
#2 (Vantag...	1255	0.243124	0.177805
#3 (Vantag...	1196	0.326833	0.241341
#4 (Vantag...	1175	0.201966	0.128203
#5 (Vantag...	1557	0.160836	0.126637
#6 (Vantag...	1271	0.236387	0.174257
#7 (Vantag...	1001	0.243358	0.230398

图 3.15　标志点数据采集中

（3）设定拍摄区域的原点。

第二步完成后,系统会把其中一台摄像机放置在原点的位置,如图 3.16 所示。

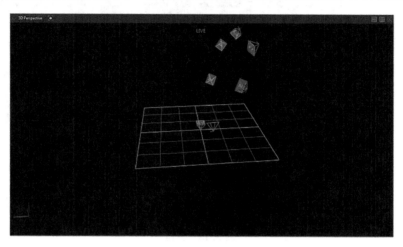

图 3.16　设置原点前的窗口

此时需要设定 T 形校正架上的原点为拍摄范围的原点,点击"Tools"窗口中的"Set Volume Origin"项下的"Start"键设定原点,如图 3.17 所示。

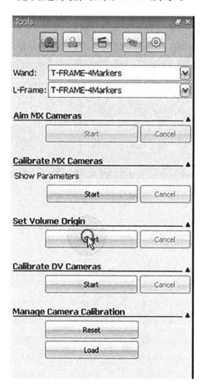

图 3.17　Set Volume Origin 选项

此时窗口会显示所有摄像机和拍摄范围及与原点的位置关系,如图 3.18 所示。

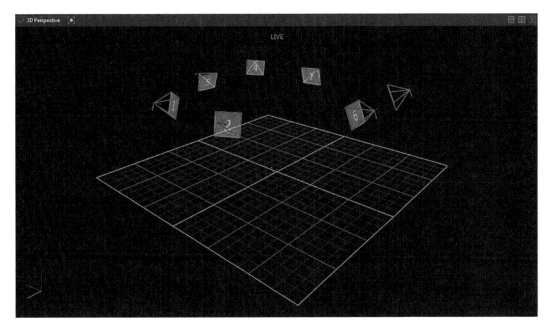

图 3.18　标定完成后的效果

　　至此,标定操作结束,系统已经为数据采集做好了准备。

3.3　动作捕捉数据预处理流程

3.3.1　采集方案

　　准备工作完成后,就可以准备在受试者身上粘贴标志点了。标志点固定部位的选择可以采用以下两套方案。

　　(1) 第一套测试方案(共 39 个点)。

　　第一套测试方案标志点示意图如图 3.19 所示,具体分布如下。

　　头部(4 个):左、右头前,左、右头后。

　　躯干(5 个):第 7 颈椎、第 10 腰椎、胸骨柄上端、胸骨柄下端和右肩胛骨中部。

　　上肢(14 个,左右侧各 7 个):肩峰端、上臂、肘关节、前臂、腕关节内侧、腕关节外侧和第一指趾关节。

　　骨盆(4 个):左、右髂前上棘,左、右髂后上棘。

　　下肢(12 个,左右侧各 6 个):膝关节、大腿、小腿、踝关节、脚趾、足跟。

　　(2) 第二套测试方案(共 16 个点)。

　　第二套测试方案标志点具体分布如下。

　　骨盆(4 个):左、右髂前上棘,左、右髂后上棘。

　　下肢(12 个,左右侧各 6 个):膝关节、大腿、小腿、踝关节、脚趾、足跟。

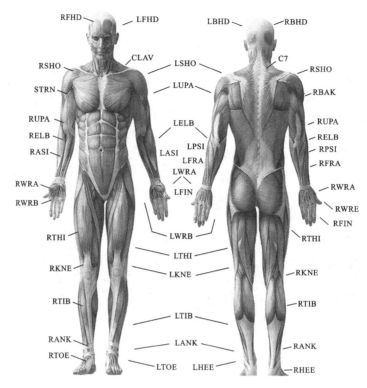

图 3.19　标志点示意图

3.3.2　两套方案优缺点的比较

两套方案优缺点的比较见表3.1。

表 3.1　两套方案优缺点的比较

方　　案	优　　点	缺　　点
第一套方案	全面了解受试者各环节运动情况,并能通过模型推算人体重心运动	要贴的标志点太多,容易遗漏或者发生掉点
第二套方案	标志点少,仅限骨盆和下肢,贴点时间减少,不容易遗漏	只能测试受试者下肢运动情况,不能推算人体重心位置

可根据实验人数和实验目的对两套测试方案进行选择。

3.3.3　标志点粘贴须知

（1）不管选择第一套测试方案还是第二套测试方案,左侧大腿、小腿上的点都应低于右侧大腿、小腿上的点,以便在后期分析时能清楚地区分左右侧。

（2）贴标志点时应严格按照 Plug-in Gain 要求粘贴。

（3）测试标志点应选用同一尺寸(14 mm 或 9 mm),不要两个尺寸混用。

（4）选择第二套方案时,可以让受试者下身穿着紧身裤,在紧身裤上直接粘贴标志点即可。

3.3.4　操作步骤

（1）第一套方案（全身）示意图如图 3.20 至图 3.22 所示。

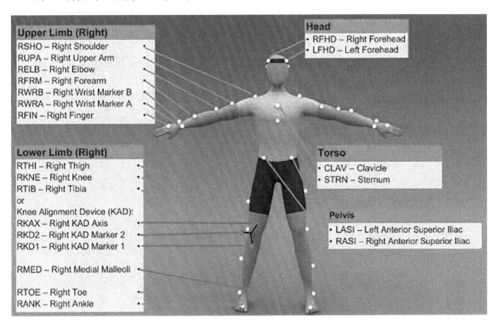

图 3.20　第一套方案——正面

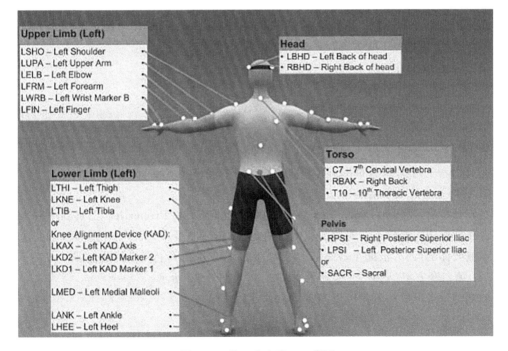

图 3.21　第一套方案——背面

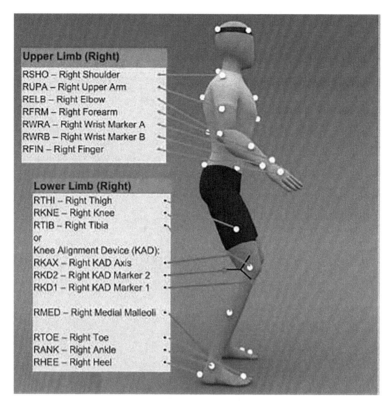

图 3.22　第一套方案——侧面

在粘贴标志点之前应该先测量一些受试者身体的尺寸,这些尺寸数值是构建骨架模型时必不可少的,包括以下几方面。

① 下肢长度——髂前上棘到内踝的长度。

② 膝宽——膝内外侧宽度。

③ 踝宽——内外踝之间的距离。

④ 肘宽——肘内外侧宽度。

⑤ 腕宽——腕关节内外侧宽度。

⑥ 掌厚——手掌掌骨最厚部位厚度。

⑦ 肩峰端与肩关节活动中心之间的距离。

实验开始后,需要在 Vicon Nexus 1.4.116 软件界面的“Properties”工具栏中输入这些数值。在软件中需要输入左右侧的双侧数值,但在实际测量中,为了节约时间,可以选择只测量单侧肢体的尺寸,根据左右侧基本一致的原则,在对侧填上同样的数值即可。

(2) 第二套方案(下半身)示意图如图 3.23 至图 3.25 所示。

测试受试者尺寸的过程可以参照第一套方案进行。

3.3.5　动作采集

开始采集动作之前,首先要根据需要打开一个现存的 Database 或新建一个 Database。

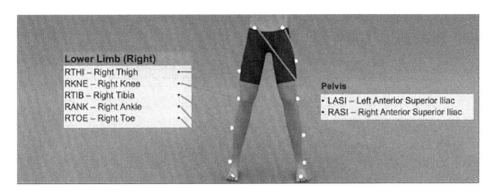

图 3.23　第二套方案——正面

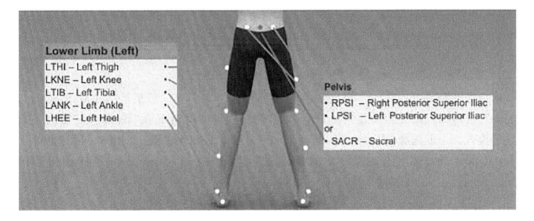

图 3.24　第二套方案——背面

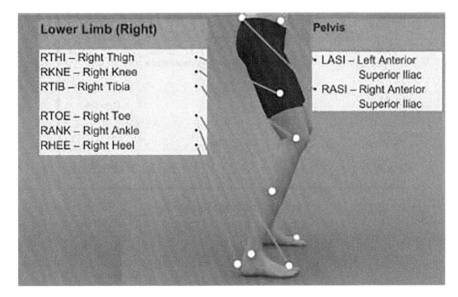

图 3.25　第二套方案——侧面

点击 🖴 打开"Data Management"窗口,以新建一个 Database 为例,点击 🔲 "New Database"按键,弹出图 3.26 所示的窗口。

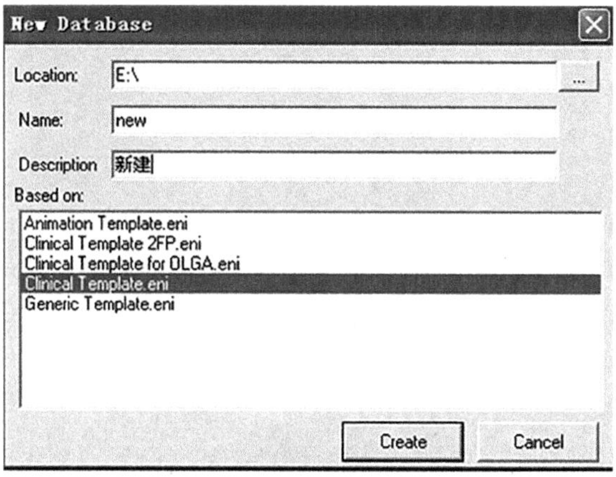

图 3.26 "New Database"窗口

选择保存路径"Location",注意路径中不能包含中文字符。然后输入 Database 的名称"Name",也可输入相关的描述"Description",然后根据实际情况在"Based on"窗口下选择对应的模式。一般选择"Clinical Template.eni"即可。完成后,点击"Create"创建新的受试者 Database。此时弹出图 3.27 所示的窗口,选中需要的受试者 Database 名称,点击"Open"打开。

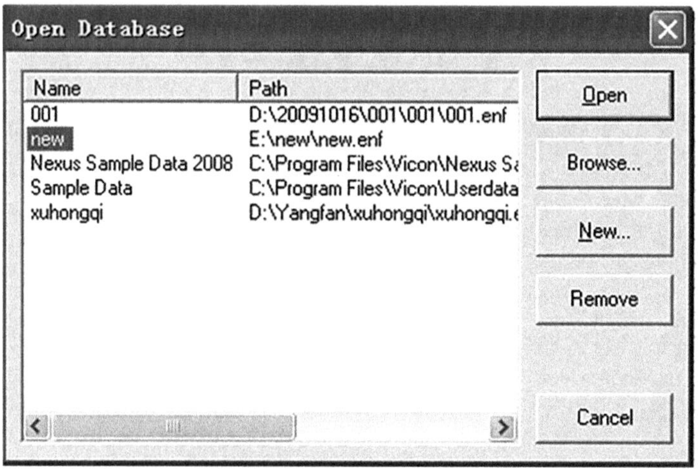

图 3.27 打开新的 Database

在弹出的窗口中,分别使用 ⚫ "New Patient Classification"、✱ "New Patient"、⚫ "New Session"按键创建受试者类型、受试者姓名和不同的动作状态等信息,如图 3.28 所示。

注意,在实验开始时,必须选中"Session"才可进行采集。

回到 Nexus 窗口,在左边的工具栏中点击"Subjects",此时使用 🔲 "New Subject"新建

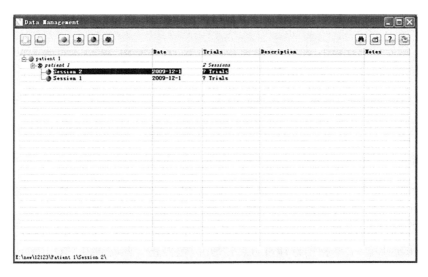

图 3.28　编辑新的 Database

一个 Subject,可以根据实验需要进行重命名,如图 3.29 所示。

下一步,使用 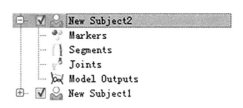 "Create a New Subject from a Template"选择一个测试用模型,一般使用的是"PlugInGait Fullbody"和"PlugInGait"两种模式,如图 3.30 所示,分别用于全身方案、下半身方案,即分别对应第一套方案、第二套方案。

图 3.29　新建一个 Subject

以下以第二套方案为例介绍操作过程。

选择模型后,输入模型名称,如图 3.31 所示。

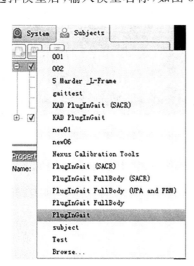

图 3.30　选择测试用模型

图 3.31　输入模型名称

3.3.6 建立静态模型

点击窗口左侧工具栏中 Subject 项下相应的 Subject 名称,此时会出现如图 3.32 所示的界面。

Properties 窗口用于输入此前测量的形态学测量值(只需输入必填项即可,其他数据可在模型生成后由软件计算得出),如图 3.32 所示。

标志点贴好后,让受试者两臂稍微张开站于测试区域中,用 Vicon 摄像头拍摄其静态标准姿势。测试人员应快速识别各个标志点,并建立受试者的骨架模型。

点击"Live"键进入采集模式,开始采集静态数据。选择窗口右侧工具栏中的 "Subject Preparation"项,在该项下找到"Subject Capture"选项。

点击下方的"Start"键开始采集静态数据。整个采集过程中,受试者应保持静止且在拍摄区域中,采集 100～200 帧图像即可,点击"Stop"键停止。此时可在"3D Perspective"窗口中看到反光点的采集情况,如图 3.33 所示。

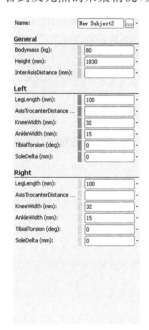

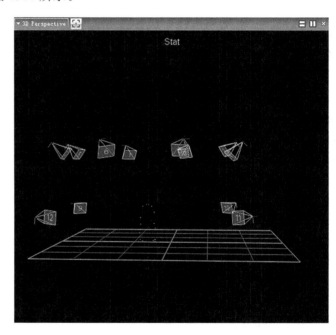

图 3.32 输入形态测量数据   **图 3.33 "3D Perspective"窗口中显示的采集情况**

点击"Live"退出采集模式,点击 "Run the'Reconstruct' Pipeline and Labels"重建采集的反光点数据。选择右侧工具 "Lable"项,出现图 3.34 所示的标志点列表,开始进行标志点识别。

鼠标选中最上面的"LAST"(左髂前上棘),按顺序识别(即按列表中的标签顺序点击对应的标志点),如图 3.35 所示。如果识别出错,在"Manual Labeling"窗口点击该点并重新识别即可。识别完成后,按下键盘上的"Esc"键退出。识别完成后,点击左上角菜单中的 "Save"键保存。

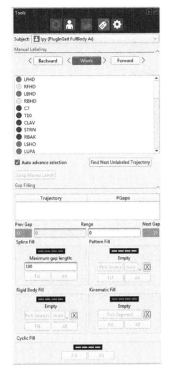

图 3.34　标志点列表

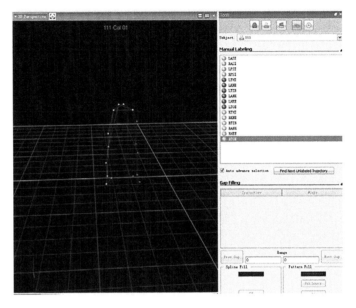

图 3.35　标志点识别

标志点识别结束后,需要运行静态模式模板,选择 "Subject Preparation"项,找到 "Subject Calibration"项,在下拉列表中选择"Static Plug-in Gait"项,如图 3.36 所示。

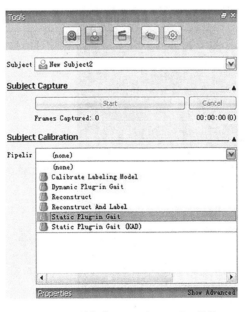

图 3.36　选择"Static Plug-in Gait"项

完成后,点击"Frame Range"项下方的"Start"键运行,如图 3.37 所示。

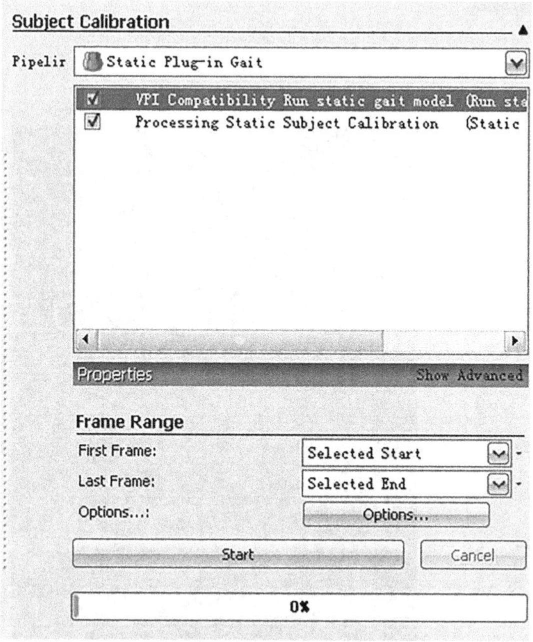

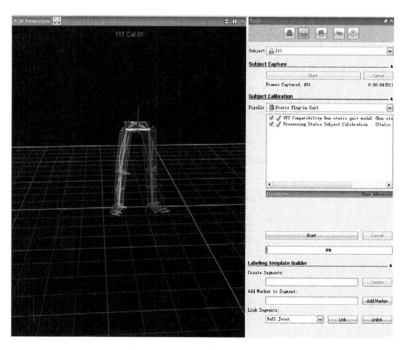

图 3.37　点击"Start"键运行

运行完成后,出现如图 3.38 所示的窗口,静态模板运行完成,点击左上角 🖫 "Save"键保存。

图 3.38　静态模板运行完成

完成静态模型后,点击 Live 键,进入实验动作采集模式,出现如图 3.39 所示的窗口,
在工具栏中点击 "Capture"就可以开始实验测试动作的采集了。

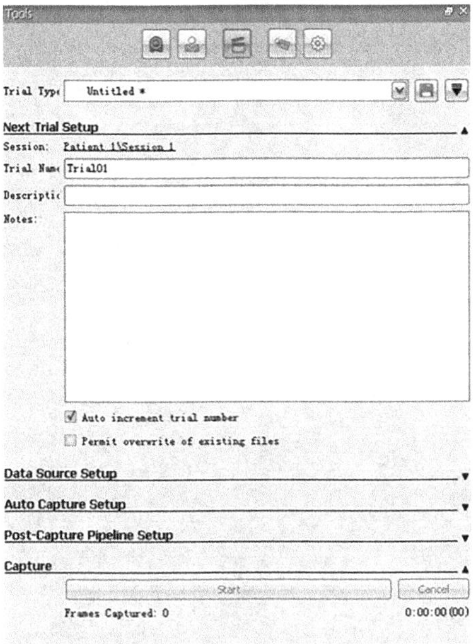

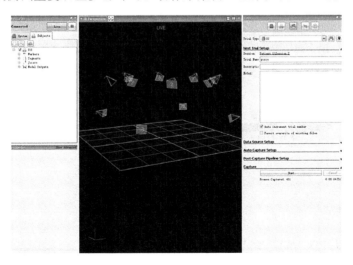

图 3.39　动作采集窗口

在图 3.39 所示的窗口中进行"Trial Type"、"Session"的选择,填写"Trial Name"(选择
下方的"Auto increment trial number"后,软件可按一定规律自动生成名称),可以选择填写
"Description"项。

填写完成后,点击最后一项"Capture"下的"Start"键开始采集,采集完成后点击"Stop"
结束采集。多次测试重复以上步骤即可。动作采集窗口全景如图 3.40 所示。

图 3.40　动作采集窗口全景

在采集过程中,可以在"3D Perspective"窗口看到采集到的动作过程,如图 3.41 所示。

图 3.41　采集过程中的"3D Perspective"窗口

3.4　动作捕捉数据后期处理

测试完成后,要对数据进行检查和处理,打开"Data Management"窗口,双击"Files"项下的 ✖ 图标,如图 3.42 所示,即可在 Nexus 主界面打开刚刚采集的数据图像。

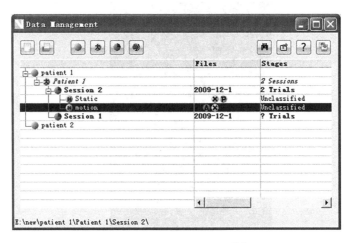

图 3.42　"Data Management"窗口

此时,标志点数据还不可见,需要点击 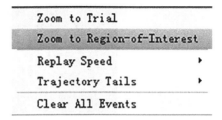"Run the'Reconstruct' Pipeline and Labels"
键,重建标志点位置和名称数据,等待重建结束,即可在"3D Perspective"窗口看到采集的动
作视频。此时可以通过"3D Perspective"窗口下方
的"Play"键播放采集的视频。

拖动"3D Perspective"窗口下方进度条开始、结
束部分的三角形指针,设置需要分析的视频的开始
和结束时间。为了减少不必要的工作和提高数据质
量,应选择所有点均能识别的运动阶段,设置开始、
结束阶段,把光标放在进度条范围内,点击邮件,选
择"Zoom to Region-of-Interest"项,如图 3.43 至图
3.46 所示,将需要分析的视频片段放大到新窗口。

图 3.43　"Zoom to Region-of-Interest"项

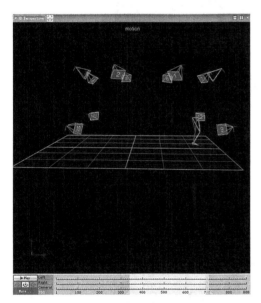

图 3.44　选择视频开始帧

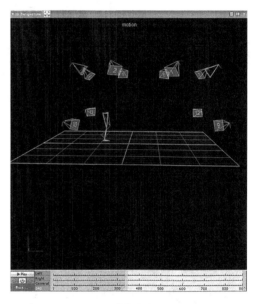

图 3.45　选择视频结束帧

此时应当点击 "Lable"键进行标志点的识别和检查,识别的步骤同静态识别的,从最
上面的 LFHD 标志点开始按顺序点击数据模型。尤其要结合运动方向检查足部脚趾和足
跟(全身系统下需检查手部)的识别是否反转。必要时要对某些识别不全的标志点进行补
点。可通过观察每个点的运动轨迹判断识别是否完全,如图 3.47 所示。

下一步是删除识别过程中的干扰点,通过键盘上的上下键逐帧播放视频片段,找到干扰
点出现的画面,选中任意一个干扰点,点击鼠标右键,在弹出的选项中选择"Delete All Un-
labled",即可删除所有未命名的干扰点,如图 3.48 所示。

识别完成后,保存。此时应在"Subject Calibration"项下选择运行一个动态模板,如图
3.49 所示。

完成后,点击"Frame Range"项下方的"Start"键运行。运行完成后,关节上出现坐标
系,说明运行成功。动态模板运行完成后,点击左上角菜单栏中的 "Save"键保存。

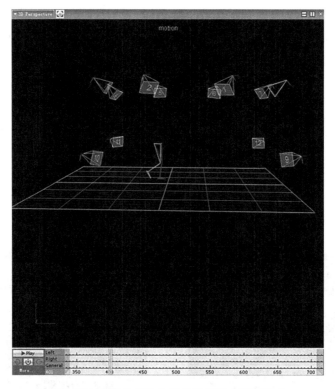

图 3.46　需要分析的视频片段被放大到新窗口

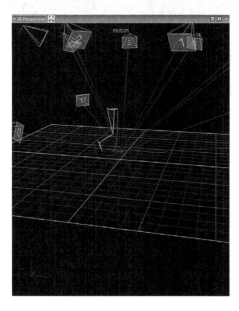

图 3.47　标志点识别轨迹

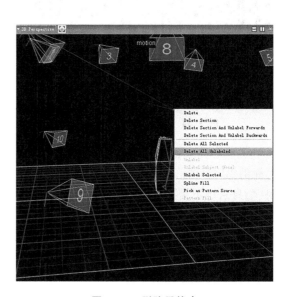

图 3.48　删除干扰点

　　动态模板运行完成后,即可以观看采集到的整个视频片段,如图 3.50 所示的"3D Perspective"窗口下采集到的整个视频片段。

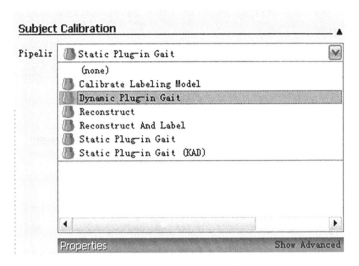

图 3.49　选择一个动态模板

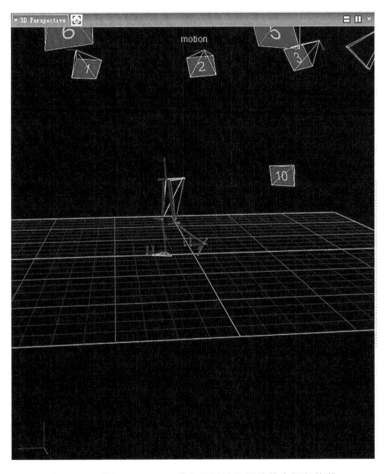

图 3.50　"3D Perspective"窗口下采集到的整个视频片段

此时切换到"Data Management"窗口,在"Files"列,处理后的数据后会出现 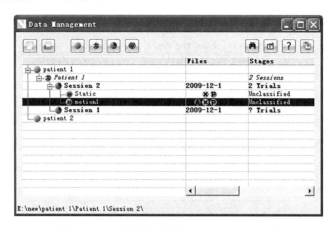 标志,标志已经处理完成,如图 3.51 所示。

图 3.51　数据处理后的"Data Management"

3.5　数据的输出

3.5.1　查看处理后的数据

对于处理后的图像资料,可以通过软件查看和输出相关数据。打开"Data Management"窗口,在"Files"列,处理后的数据后会出现 标志,双击该标志,打开处理过的数据,再点击 "Run the 'Reconstruct' Pipeline and Labels"键,重建标志点位置和名称数据,等待重建结束,即可在"3D Perspective"窗口看到处理后的动作视频。

选择窗口左侧工具栏里的"Subject"选项,在对应的 Subject 名称下打开"Model Output"输出模式列表,该表列出了所有可以由软件输出的数据。

点击"3D Perspective"窗口右上角的分屏键,把窗口分为上下两部分,把下部窗口的观看模式选择为"Graph"图表,在"Model Output"输出模式列表下选择想要观看和输出的数据项,"Graph"窗口即显示出相应的数据图,此时可以拖动窗口下方的视频播放指针或图表上的指针,视频和图像会同步播放,便于实验人员结合视频分析数据,如找到某个特征时刻的关节角度、速度、加速度等,如图 3.52 所示。

3.5.2　输出处理后的数据

要将处理后的数据输出为 ASCII 码文件,需要进行以下操作。

在窗口右侧的工具栏中选择 "Pipeline"项,在下拉列表的"Available Operations"项下选择"File Export"项,根据需要选择要输出的文件格式,如图 3.53 所示。

在"Data Management"窗口的"Files"列,已经输出了数据的某段视频文件对应的数据后会出现 标志,表示已经完成了数据输出。

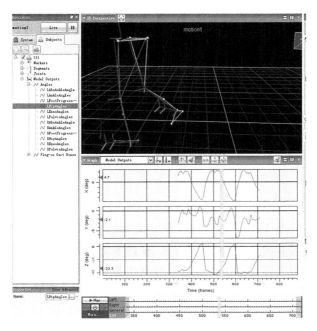

图 3.52　观看处理后的数据

后期用到的文件一般主要分为两种，一种是 TRC 格式的文件，另一种是 C3D 格式的文件，如图 3.54 所示。

图 3.53　"Pipeline"选项

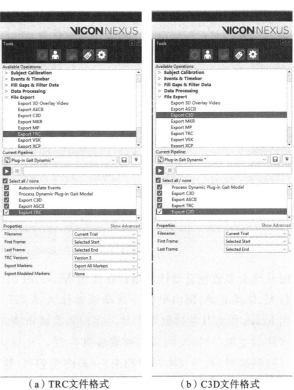

（a）TRC文件格式　　　（b）C3D文件格式

图 3.54　输出数据

第4章 虚拟人物骨骼设置

4.1 虚拟人物骨骼基础

4.1.1 Autodesk Maya 概述

Maya 软件是 Autodesk 旗下著名的三维建模和动画软件。Autodesk Maya 可以大大提高电影、电视、游戏等领域开发、设计、创作工作的效率,同时可改善多边形建模,通过新的运算法则提高模型性能。多线程支持可以充分利用多核心处理器的优势,新的 HLSL 着色工具和硬件着色 API 则大大增强了新一代主机游戏的外观。Autodesk Maya 工作界面如图 4.1 所示。

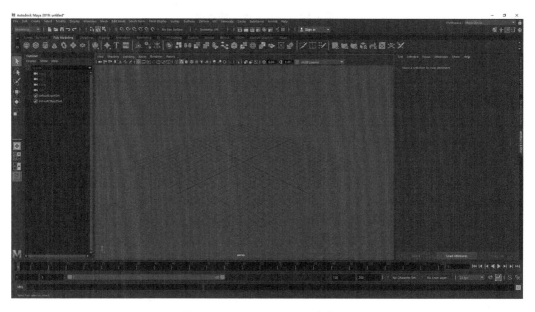

图 4.1 Autodesk Maya 工作界面

国外绝大多数视觉设计领域都在使用 Maya,在国内该软件也越来越普及。Maya 软件功能强大、体系完善,国内很多三维动画制作人员都开始使用 Maya,而且很多公司也都开始利用 Maya 作为其主要创作工具。在很多大城市或经济发达地区,Maya 软件已成为三维动画软件的主流。Maya 的应用领域极其广泛,《星球大战》系列、《指环王》系列、《蜘蛛侠》系列、《哈利波特》系列、《木乃伊归来》、《最终幻想》、《精灵鼠小弟》、《马达加斯加》,以及大片《金刚》等都出自 Maya 之手。而 Maya 在其他领域的应用更是不胜枚举。

本教材重点介绍动作捕捉技术及后续应用,对模型建立和后期渲染不做重点讲解,相关内容可在三维动画课程中学习。在动作捕捉动画中,模型与数据的融合质量的一个重要影响因素是人物骨骼与蒙皮是否合适,即当我们驱动骨骼带动模型运动时,人物模型是否符合自然规律,这关系到后续动画制作的质量。本章重点讲述人物模型建立后如何建立骨骼及进行蒙皮设置。

4.1.2　人物骨架装配

1. 骨骼的基本命令

1) 骨架

骨架是由"关节"和"骨"两部分构成的。关节位于骨与骨之间连接的位置,由关节的移动或旋转来带动与其相关的骨的运动。每个关节可以连接一个或多个骨,关节在场景视图中显示为球形线框结构。骨是接在两个关节之间的物体结构,它能起到传递关节运动的作用,骨在场景视图中显示为棱锥状线框结构物体。另外,骨也可以指示出关节之间的父子层级关系,位于棱锥方形一端的关节为父级,位于棱锥尖端位置处的关节为子级,如图 4.2 所示。

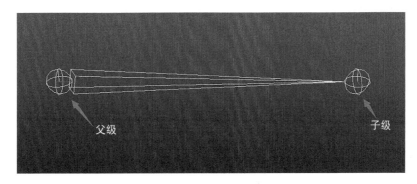

图 4.2　骨架

2) 关节链

"关节链"又称为"骨架链",它是一系列关节和与之相连接的骨的组合。在一条关节链中,所有的关节和骨之间都是呈线性连接的,也是说,如果从关节链中的第 1 个关节开始绘制一条路径曲线到最最后一个关节结束,可以使该关节链中的每个关节都经过这条曲线,如图 4.3 所示。

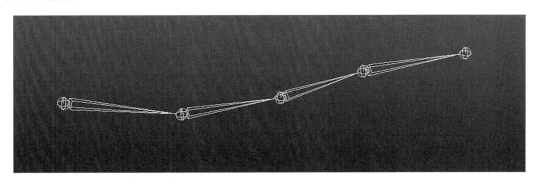

图 4.3　关节链

在创建关节链时，首先创建的关节将成为该关节链中层级最高的关节，称为"父关节"，只要对这个父关节进行移动或旋转操作，就会使整个关节链发生位置或方向上的变化。

3）肢体链

"肢体链"是多条关节链连接在一起的组合。与关节链不同，肢体链是一种树状结构，所有的关节和骨骼之间并不是呈线性方式连接的。也就是说，无法绘制出一条经过肢体链中所有关节的路径曲线，如图 4.4 所示。

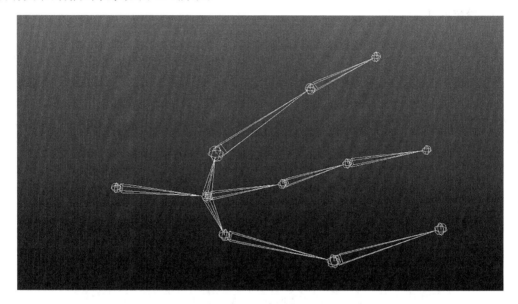

图 4.4　肢体链

在肢体链中，层级最高的关节称为"根关节"，每个肢体链中只能存在一个根关节，但是可以存在多个父关节。其实，父关节和子关节是相对而言的，在关节链中，任意关节都可以成为父关节或子关节，只要在一个关节的层级之下有其他的关节存在，这个位于上一级的关节就是其层级之下关节的父关节，而这个位于层级之下的关节就是其层级之上关节的子关节。

4）父子关系

在 Maya 中，可以把父子关系理解成一种控制与被控制的关系。也就是说，把存在控制关系的物体中处于控制地位的物体称为父物体，把被控制的物体称为子物体。父物体和子物体之间的控制关系是单向的，前者可以控制后者，但后者不能控制前者。同时还要注意，一个父物体可以同时控制若干个子物体，但一个子物体不能同时被两个或两个以上的父物体控制。

对于骨架，不能仅局限于它的外观上的状态和结构。在本质上，骨架上的关节其实是在定义一个"空间位置"，而骨架就是这一系列空间位置以层级的方式所形成的一种特殊关系，连接关节的骨只是这种关系的外在表现。

2. 创建骨架

在角色动画制作中，创建骨架通常就是创建肢体链的过程，创建骨架使用"关节工具"来完成，如图 4.5 所示。

打开"关节工具"的"工具设置"对话框,如图 4.6 所示。

图 4.5 选择关节工具

图 4.6 "工具设置"对话框

1) 关节工具参数介绍

自由度:用于指定被创建关节的哪些局部旋转轴向能自由旋转,有 X 轴、Y 轴、Z 轴三个选项。

确定关节方向为世界方向:勾选该选项后,被创建的所有关节局部旋转轴向将与世界坐标轴向保持一致。

主轴:设置被创建关节的局部旋转主轴方向。

次轴:设置被创建关节的局部旋转次轴方向。

次轴世界方向:使用"关节工具"创建的所有关节的第二个旋转轴向设定的世界轴向(正向或负向)。

比例补偿:勾选该选项时,在创建关节链后,当对位于层级上方的关节进行比例缩放操作时,位于其下方的关节和骨架不会自动按比例缩放;如果关闭该选项,当对位于层级上方的关节进行缩放操作时,位于其下方的关节和骨架也会自动按比例缩放。

自动关节限制:勾选该选项时,被创建关节的一个局部旋转轴向将被限制,其只能在 180°范围之内旋转。被限制的轴向就是与创建关节时被激活视图栅格平面垂直的关节局部旋转轴向,被限制的旋转方向在关节链小于 180°夹角的一侧。此选项适用于类似有膝关节旋转特征的关节链的创建。该选项的设置不会限制关节链的开始关节和末端关节。

可变骨骼半径设置:勾选该选项后,可在"骨骼半径设置"卷展栏下设置短/长骨骼的长度和半径。

图 4.7　骨架编辑工具

短骨骼长度:设置一个长度数值来确定哪些骨为短骨。

短骨骼半径:设置一个数值作为短骨的半径尺寸,它是骨半径的最小值。

长骨骼长度:设置一个长度数值来确定哪些骨为长骨。

长骨骼半径:设置一个数值作为长骨的半径尺寸,它是骨半径的最大值。

2)编辑骨架

创建骨架之后,可以采用多种方法来编辑骨架,以使骨架能更好地满足动画制作的需要,Maya 提供了一些方便的骨架编辑工具,如图 4.7 所示。

(1)插入关节工具。

如果要增加骨架中的关节数,可以使用"插入关节工具"在任何层级的关节下插入任意数目的关节。

(2)重定骨架根。

使用"重定骨架根"命令可以改变关节链或肢体链的骨架层级,以重新设定根关节在骨架链中的位置。如果选择的是位于整个骨架链中层级最下方的一个子关节,重新设定根关节后骨架的层级将会颠倒;如果选择的是位于骨架链中间层级的一个关节,重新设定根关节后,在根关节的下方将有两个分离的骨架层级被创建。

(3)移除关节。

使用"移除关节"命令可以从关节链中删除当前选择的一个关节,并且可以将剩余的关节和骨结合为一个单独的关节链。也就是说,虽然删除了关节链中的关节,但仍然会保持该关节链的连接状态。

(4)断开关节。

使用"断开关节"命令可以将骨架在当前选择的关节位置处打断,将原本单独的一条关节链分离为两条关节链。

(5)连接关节。

使用"连接关节"命令能采用两种不同方式(连接或父子关系)将断开的关节连接起来,形成一个完整的骨架链。打开"连接关节选项"对话框,如图 4.8 所示。

连接关节选项对话框参数介绍如下。

连接关节:这种方式是使用一条关节链中的根关节去连接另一条关节链中除根关节之外的任何关节,使其中一条关节链的根关节直接移动位置,对齐到另一条关节链选择的关节上,结果两条关节链连接形成一个完整的骨架链。

将关节设为父子关系:这种方式是使用一根骨将一条关节链中的根关节作为子物体与另一条关节链中除根关节之外的任何关节连接起来,形成一个完整的骨架链。用这种方法连接关节时不会改变关节链的位置。

(6)镜像关节。

使用"镜像关节"命令可以镜像复制出一个关节链的副本,镜像关节的操作结果将取决于事先设置的镜像交叉平面的放置方向。如果选择关节链中的关节进行部分镜像操作,这

图 4.8 连接关节选项

个镜像交叉平面的原点将在原始关节链的父关节位置;如果选择关节链的根关节进行整体镜像操作,这个镜像交叉平面的原点将在世界坐标原点位置。镜像关节时,关节的屈性、IK控制柄连同关节和骨一起被镜像复制。但其他一些骨架数据(如约束 、连接和表达式)不能包含在被镜像复制出的关节链副本中。

打开"镜像关节选项"对话框,如图 4.9 所示。

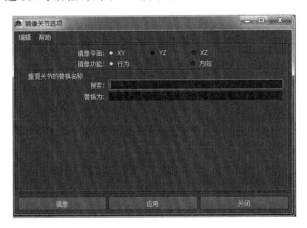

图 4.9 镜像关节选项

镜像关节选项对话框参数介绍如下。

镜像平面:指定一个镜像关节时使用的平面。镜像交叉平面就像是一面镜子,它决定了产生的镜像关节链副本的方向,提供了以下三个选项。① XY:选择该选项时,镜像平面将是由世界空间坐标 XY 轴向构成的平面,将当前选择的关节链沿该平面镜像复制到另一侧。② YZ:选择该选项时,镜像平面将是由世界空间坐标 YZ 轴向构成的平面,将当前选择的关节链沿该平面镜像复制到另一侧。③ XZ:选择该选项时,镜像平面将是由世界空间坐标 XZ 轴向构成的平面,将当前选择的关节链沿该平面镜像复制到另一侧。

镜像功能:指定被镜像复制的关节与原始关节的方向关系,提供了以下两个选项。① 行为:选择该选项时,被镜像的关节将与原始关节具有相对的方向,并且各关节局部旋转轴指向它们对应副本的反方向。② 方向：选择该选项时，被镜像的关节将与原始关节具有相同的方向。

搜索：可以在文本输入框中指定一个关节命名标识符，以确定在镜像关节链中要查找的目标。

替换为：可以在文本输入框中指定一个关节命名标识符，将使用这个命名标识符来替换镜像关节链中查找到的所有在"搜索"文本框中指定的命名标识符。

当为结构对称的角色创建骨架时，"镜像关节"命令将非常有用。例如当制作一个人物角色骨架时，用户只需要制作出一侧的手臂、手、腿和脚骨架，再执行"镜像关节"命令就可以得到另一侧的骨架，这样就能减少重复性的工作，提高工作效率。

特别注意，不能使用"编辑→特殊复制"菜单命令对关节链进行镜像复制操作。

（7）确定关节方向。

创建好骨架链之后，为了让某些关节与模型能更准确地对位，经常需要调整一些关节的位置。因为每个关节的局部旋转轴向并不能跟随关节位置改变来自动调整方向。例如，如果使用"关节工具"的默认参数创建一条关节链，在关节链中关节局部旋转轴的 X 轴将指向骨的内部；如果使用"移动工具"对关节链中的一些关节进行移动，这时关节局部旋转轴的 X 轴将不再指向骨的内部。所以在通常情况下，调整关节位置之后，需要重新定向关节的局部旋转轴向，使关节局部旋转轴的 X 轴重新指向骨的内部。

在三维角色动画制作中，角色有两种手臂姿势容易进行骨骼设定：一种是双臂呈 45°倾斜的姿势，另一种是双臂呈 T 字形的姿势。

制作本例时，先根据卡通角色的比例分析骨骼设置的位置，包括盆骨、腿部骨骼、躯干、颈部和头部等骨骼的位置。确定好骨骼的位置后就可以进行骨骼的创建了。创建时，可以将骨骼的显示比例缩小一些，因为过大的骨骼显示会影响骨骼设置方位的准确性。在整体完成骨骼设置后，应仔细检查所有骨骼是否设置合理，控制器是否连接正确等。

4.2 Maya 系统中虚拟人物模型骨骼的设计

4.2.1 腿部骨骼设置

在进行角色骨骼设置时，不同的骨骼设置师采用的设置方法和顺序会有所不同。有的习惯从身体开始，有的习惯从腿部开始。这里我们采用从下往上的顺序进行骨骼的设置，即先从人物的腿部骨骼设计开始。

步骤 1，在骨骼设置前，最好先测试骨骼创建时的显示大小。如果骨骼在创建时显示过大，将不利于骨骼点的设置，所以需要做些调整。选择显示→动画→关节大小菜单命令，在弹出的关节显示比例窗口中将显示比例设置为 1，如图 4.10 所示。

步骤 2，选择动画模块中的"骨骼/关节"工具进行骨骼的创建工作，即从模型的腿部开始进行骨骼的设置工作。设置时，骨骼之间通常要有一定的弯曲度，不要创建成一条直线。创建完成后，从上往下为骨骼命名，依次为 AA：LeftUpLeg、AA：LeftLeg、AA：LeftFoot、AA：LeftTooeBase、AA：lleg_term，如图 4.11 和图 4.12 所示。

图 4.10 关节显示比例

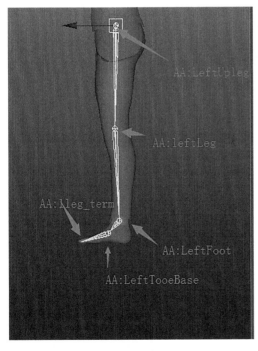

图 4.11 腿部骨骼位置

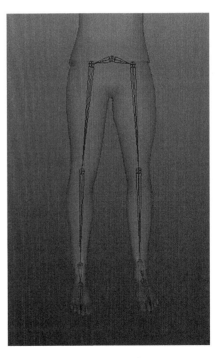

图 4.12 正式图

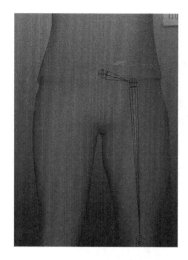

图 4.13　盆骨

命名格式通常是"文件名称:左(或右)骨骼名称",这样的命名方式便于骨骼的管理,其是骨骼设置工作中非常重要的一个规范。

如果在创建过程中发现骨骼创建有问题,需要调整其位置时,可以先选择骨骼,然后按键盘上的 Insert 键显示操纵器,或者按键盘上的 D 键调整骨骼位置后再按 Insert 键。

步骤 3,创建盆骨上的一个骨骼,将腿部骨骼作为这个骨骼的子骨骼,如图 4.13 所示,并将盆骨的这根骨骼命名为 AA:Hips。

步骤 4,进行骨骼的镜像工作。选择骨架下的镜像骨骼命令,弹出属性面板,镜像平面选择 YZ,在搜索选项框中输入 L,在替换为选项框中输入 R,如图 4.14 所示。

步骤 5,选择 AA:Hips 骨骼,在右腿处点击,可以看到右侧也具有了同样的骨骼,如图 4.15 所示,命名完成。

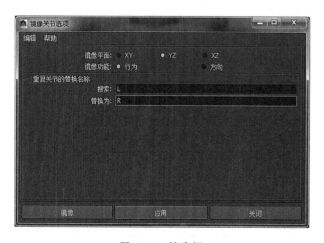

图 4.14　搜索框

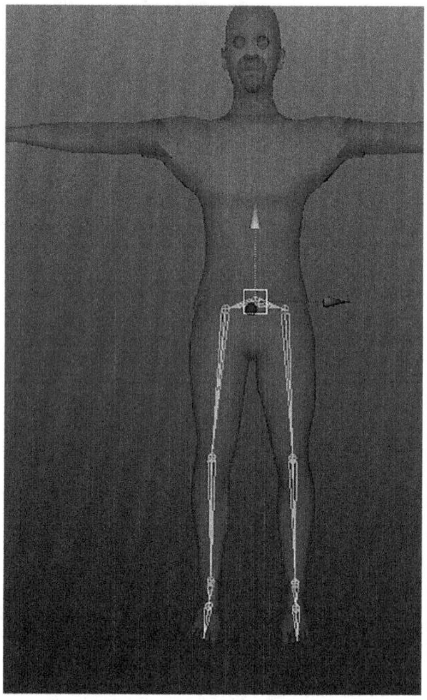

图 4.15　命名完成

4.2.2　臂部和手指骨骼设置

创建步骤如下。

步骤 1,创建臂部骨骼,臂部的关节需要采用 XYZ 坐标轴向,打开关节工具的创建属性面板,将对称选项设置为 X 轴,如图 4.16 所示。

步骤 2,创建上臂到手腕的骨骼,创建 3 个关节时,注意骨骼在肘部有一些弯曲,不要创

建成一条直线。创建好后,骨骼分别命名为 AA:LeftArm、AA:LeftForeArm、AA:Left-
Hand。如图 4.17 所示。

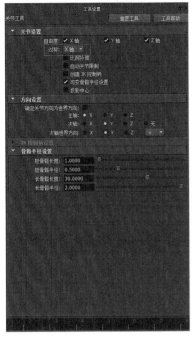

图 4.16　关节工具

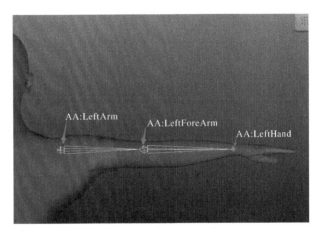

图 4.17　上臂到手腕的骨骼建立

　　对于手关节,在骨骼建立过程中,需要根据手指的形状灵活创建骨骼,骨骼依次命名为
AA:LeftFingerBase、AA:LeftInHandThumb、AA:LeftHandThumb1、AA:LeftHand-
Thumb2、AA:LeftHandThumb3、AA:LeftHandThumb4、AA:LeftInHandIndex、AA:
LeftHandIndex1、AA:LeftHandIndex2、AA:LeftHandIndex3、AA:LeftInHandMiddle、
AA:LeftInHandMiddle1、AA:LeftInHandMiddle2、AA:LeftInHandMiddle3、AA:LeftIn-
HandMiddle4、AA:LeftInHandRing、AA:LeftInHandRing1、AA:LeftInHandRing2、AA:
LeftInHandRing3、AA:LeftInHandRing4、AA:LeftInHandPinky、AA:LeftInHandPinky1、
AA:LeftInHandPinky2、AA:LeftInHandPinky3,如图 4.18 所示。

　　步骤 3,创建肩部的两个锁骨关节,命名为 AA:LeftShoulder、AA:LeftShoulderExtra,
然后将手臂关节 AA:LeftArm 作为其子关节。肩部的锁骨关节轴向可以为 None,与世界
坐标一致,如图 4.19 所示。

4.2.3　躯干和头部骨骼设置

　　下面进行角色躯干和头部骨骼的创建工作,创建时要根据角色的特点来进行骨骼的设
置工作。进行骨骼设置时应考虑角色的运动合理性,比如脊柱骨应该设置多少个关节合适、
头部关节的设置位置等。

　　步骤 1,从盆骨部位开始向上创建骨骼,一直创建到头部位置,然后将关节依次命名为
Hips、spine、spine2、spine3、spine4、neck、head。这里需要说明一下这些关节的位置的确定:

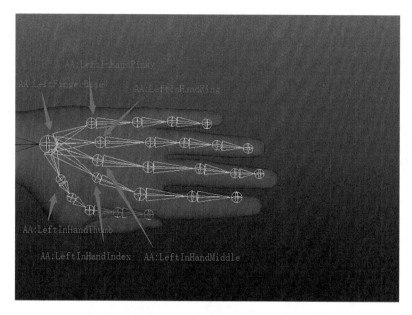

图 4.18　手关节的建立

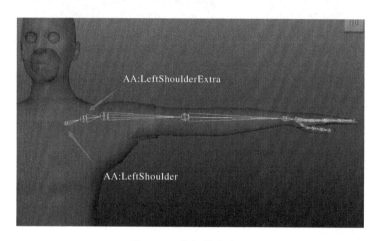

图 4.19　肩部骨骼建立

spine、spine2 用来控制腹部的权重;spine3 用来控制胸部的权重;neck 用来控制颈部的权重;head 用来控制头部的权重。将腿与 Hips 连接,如图 4.20 所示。

步骤 2,将关节 AA:LeftShoulder 连接到关节 spine4 上,连接完成后,就可以将左侧的手臂进行镜像了,如图 4.21 所示。

最后一步,进行定位点 AA:Reference 的创建,点击"创建→定位器"创建一个定位器,然后将定位器 AA:Reference 移动到地面栅格的坐标原点,并将骨骼和模型放在坐标原点的上面,然后选择根骨骼 Hips,按 Shift 键加选定位点 AA:Reference,按 P 键,将其设为父子关系,这样移动定位点 AA:Reference 就可以控制整个骨架,如图 4.22 所示。

到这里整个骨架的创建就完成了。下面进入重要的蒙皮设定环节。

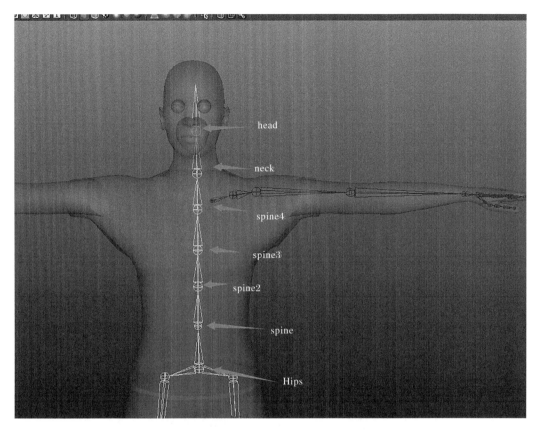

图 4.20　躯干和头部骨骼

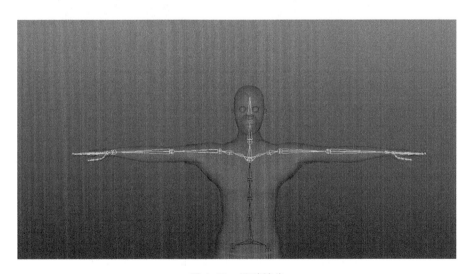

图 4.21　手臂镜像

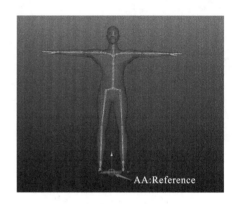

AA:Reference

（a）定位点的创建　　　　　　　　（b）创建后定位点的位置

图 4.22　定位器创建

4.3　角色蒙皮设定

蒙皮就是将角色的模型同骨骼系统建立绑定的关系，使模型可以随骨骼运动而产生自然细腻变形的过程，Maya 主要提供了两种皮肤绑定的方法，即平滑绑定和刚性绑定，目前 Maya 中删除了刚性绑定菜单选项，以简化其他工作流程，但使用脚本命令时，刚性绑定功能仍然存在。它们之间的主要区别是，刚性蒙皮中只有一个关节可以影响特定的蒙皮点（CV、顶点或晶格点），但在平滑蒙皮中，多个关节可以影响同一蒙皮点。由于平滑蒙皮允许多个关节影响同一蒙皮点，所以在绑定蒙皮后，可以立即获取更平滑的变形效果，更适用于人物动画。所以下面重点为读者介绍平滑蒙皮绑定技术的原理与操作方法。

4.3.1　平滑绑定简介

平滑绑定的工作原理："平滑绑定"方式能使骨架链中的多个关节共同影响被蒙皮模型

表面(皮肤)上的同一个蒙皮物体点,其可提供一种平滑的关节连接变形效果。从理论上讲,一个被平滑绑定的模型表面会受到骨架链中所有关节的共同影响,但在对模型进行蒙皮工作之前,可以利用选项参数设置来决定只有最靠近相应模型表面的几个关节才能对蒙皮物体点产生变形影响。

　　采用平滑绑定方式绑定的模型表面上的每个蒙皮物体点可以被多个关节共同影响,而且每个关节对该蒙皮物体点的影响是不同的,影响力大小用蒙皮权重来表示,它是在进行绑定皮肤计算时由系统自动分配的,如果一个蒙皮物体点完全受一个关节的影响,那么这个关节对于此蒙皮物体点的影响力最大,此时蒙皮权重数值为1;如果一个蒙皮物体点完全不受一个关节的影响,那么这个关节对于此蒙皮物体点的影响力最小,此时蒙皮权重数值为0。

　　在默认状态下,平滑绑定权重的分配是按照标准化原则进行的,所谓权重标准化原则就是无论一个蒙皮物体点受几个关节的共同影响,这些关节对该蒙皮物体点影响力(蒙皮权重)的总和始终等于1,例如一个蒙皮物体点同时受两个关节的共同影响,其中一个关节的影响力(蒙皮权重)是0.5,则另一个关节的影响力(蒙皮权重)也是0.5,它们的总和为1。如果将其中一个关节的蒙皮权重修改为0.8,则另一个关节的蒙皮权重会自动调整为0.2。它们的蒙皮权重总和将始终保持为1。

　　点击"蒙皮→绑定蒙皮→平滑绑定"菜单命令后面的按钮,打开"平滑绑定选项"对话框,如图4.23与图4.24所示。

图 4.23　平滑绑定命令

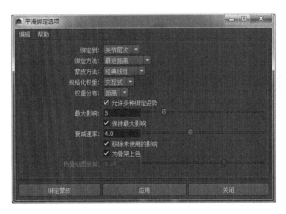

图 4.24　平滑绑定选项

　　绑定到:指定平滑蒙皮操作将绑定整个骨架还是只绑定选择的关节,共有以下三个选项。① 关节层次:选择该选项时,选择的模型表面(可变形物体)将被绑定到骨架链中的全部关节上,即使选择了根关节之外的一些关节。该选项是角色蒙皮操作中常用的绑定方式,也是系统默认的选项。② 选定关节:选择该选项时,选择的模型表面(可变形物体)将被绑定到骨架链中选择的关节上,而不是绑定到整个骨架链上。③ 对象层次:选择该选项时,选择的模型表面(可变形物体)将被绑定到选择的关节或非关节变换节点(如组节点和定位器)的整个层级。只有选择这个选项,才能让非蒙皮物体(如组节点和定位器)与模型表面(可变形物体)建立绑定关系,使非蒙皮物体能像关节一样影响模型表面,产生类似皮肤的变形效果。

绑定方法:指定关节影响被绑定物体表面上的蒙皮物体点是基于骨架层次还是基于关节与蒙皮物体点的接近程度,共有以下两个选项。① 在层次中最近:选择该选项时,关节的影响基于骨架层次,在角色设置中,通常需要使用这种绑定方法,因为它能防止产生不适当的关节影响。例如在绑定手指模型和骨架时,使用这个选项可以防止一个手指关节影响与其相邻近的另一个手指上的蒙皮物体点。② 最近距离:选择该选项时,关节的影响基于它与蒙皮物体点的接近程度,当绑定皮肤时,Maya 将忽略骨架的层次。因为它能引起不适当的关节影响,所以在角色设置中,通常需要避免使用这种绑定方法。例如在绑定手指模型和骨架时,使用这个选项可能导致一个手指关节影响与其相邻近的另一个手指上的蒙皮物体点。

蒙皮方法:指定希望为选定可变形对象使用哪种蒙皮方法,共有以下三个选项。① 经典线性:如果希望得到基本平滑的蒙皮变形效果,可以使用该方法。这个方法允许出现一些体积收缩和收拢变形效果。② 双四元数:如果希望在扭曲关节周围变形时保持网格中的体积,可以使用该方法。③ 权重已混合:这种方法基于绘制的顶点权重贴图,是"经典线性"和"双四元数"蒙皮的混合。

规格化权重:设定如何规格化平滑蒙皮权重,共有以下三个选项。① 无:禁用平滑蒙皮权重规格化。② 交互式:如果希望精确使用输入的权项值,可以选择该模式。当使用该模式时,Maya 会从其他影响添加或移除权重,以使所有影响的合计权重为 1。③ 后期:选择该模式时,Maya 会延缓规格化计算,直至变形网格。

允许多种绑定姿势:设定是否允许让每个骨架用多个绑定姿势。如果正绑定几何体的多个片到同一骨架,该选项非常有用。

最大影响:指定可能影响每个蒙皮物体点的最大关节数量。该选项默认设为 5,对于四足动物角色这个数值比较合适,如果角色结构比较简单,可以适当减小这个数值,以优化平滑绑定计算的数据,提高工作效率。

保持最大影响:勾选该选项后,平滑蒙皮几何体在任何时间都不能具有比"最大影响"指定数量更大的影响数量。

衰减速率:指定每个关节对蒙皮物体点的影响随着点到关节距离的增加而逐渐减小的速度。该选项数值越大,影响减小的速度越慢,关节对蒙皮物体点的影响范围也越大;该选项数值越小,影响减小的速度越快,关节对蒙皮物体点的影响范围也越小。

移除未使用的影响:勾选该选项时,平滑绑定皮肤后可以断开所有蒙皮权重值为 0 的关节和蒙皮物体点之间的关联,避免 Maya 对这些无关数据进行检测计算。当想要减少场景数据的计算量、提高场景播放速度时,选择该选项将非常有用。

为骨架上色:勾选该选项时,被绑定的骨架和物体点将变成彩色,使蒙皮物体点与影响它们的关节和骨头的颜色相同。这样可以很直观地区分不同关节在被绑定可变形物体表面上的影响范围。

4.3.2　建立平滑绑定

选择模型和骨骼的根节点 Hips,执行"蒙皮→绑定蒙皮→平滑绑定",将创建属性恢复默认值,将模型与骨骼建立平滑绑定关系,每当骨骼与模型绑定成功后,骨骼的颜色就会发生变化,如图 4.25 所示。

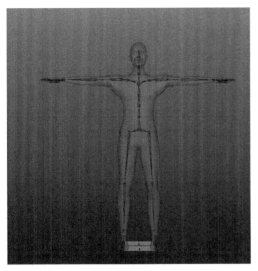

图 4.25　蒙皮对比图

旋转各个关节，可以看到模型随骨骼的运动而发生变形，且变形效果柔和平滑，类似橡皮管弯曲的感觉，如图 4.26 所示。

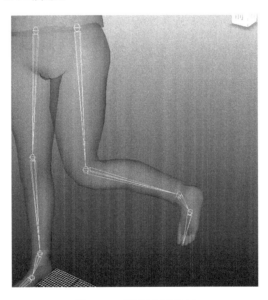

图 4.26　腿部变形效果

但是，在旋转过程中会发现有些地方的模型在骨骼旋转过程中并不合理，所以需要对模型上的权重进行编辑。本书中进行权重编辑的工具主要是绘制蒙皮权重工具。

4.3.3　绘制蒙皮权重工具

这种方式使操作者可以直接在模型上用笔刷来修改关节对皮肤的权重影响，非常简单直观，如图 4.27 所示。

图 4.27　绘制蒙皮权重工具

1. 命令面板介绍

绘制蒙皮权重工具提供了一种直观的编辑平滑蒙皮权重的方法，让用户可以采用涂抹绘画的方式直接在被绑定物体表面修改蒙皮权重值，并能实时观察到修改结果，这是一种十分有效的工具，也是在编辑平滑蒙皮权重工作中主要使用的工具。它虽然没有"组件编辑器"输入的权重数值精确，但是可以在蒙皮物体表面快速高效地调整出合理的权重分布数值，以获得理想的平滑蒙皮变形效果。

点击"蒙皮→编辑平滑蒙皮→绘制蒙皮权重工具"菜单命令，打开该工具的"工具设置"对话框，该对话框分为"影响"、"渐变"、"笔划"、"光笔压力"和"显示"五个卷展栏，如图 4.28 所示。

2. "影响"卷展栏

展开"绘制蒙皮权重工具"的"影响"卷展栏，如图 4.29 所示。

图 4.28　"工具设置"对话框

图 4.29　"影响"卷展栏

（1）排序界面介绍。

排序界面如图 4.30 所示。

排序：在影响列表中设定关节的显示方式，共有以下三个选项。① 按字母顺序：按字母顺序对关节名称排序。② 按层次：按层次（父子层次）对关节名称排序。③ 平板：按层次对关节名称排序，但是将其显示在平板列表中。

图 4.30　排序界面

重置为默认位:将"影响"列表重置为默认大小。

展开影响列表:展开"影响"列表,并显示更多行。

收拢影响列表:收拢"影响"列表,并显示更少行。

(2)影响界面的详细介绍如图 4.31 所示。

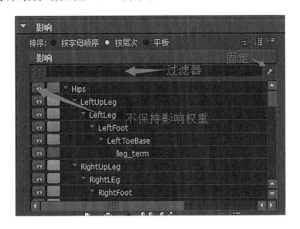

图 4.31　影响界面

影响:这个列表显示绑定到选定网格的所有影响的列表。例如,影响选定角色网格蒙皮权重的所有关节。

过滤器:输入文本以过滤在列表中显示的影响。这样可以更轻松地查找和选择要处理的影响,尤其是在处理具有复杂的装配时很实用。例如,输入"r_*",可以只列出前缀为"r_"的影响。

固定:固定影响列表,可以仅显示选定的影响。

保持影响权重:点击该按钮可以保持选定影响的权重。保持影响时,影响列表中影响名称旁边将显示一个锁定图标,绘制其他影响的权重时对该影响无影响。

不保持影响权重:点击该按钮可以不保持选定影响的权重。

(3)工具栏介绍。

可对权重进行复制、粘贴等操作,如图 4.32 所示。

图 4.32　工具栏

复制选定顶点的权重:选择顶点后,点击该按钮可以复制选定顶点的权重值。

将复制的权重粘贴到选定顶点上:复制选定顶点的权重以后,点击该按钮可以将复制的顶点权重值粘贴到其他选定顶点上。

权重锤:点击该按钮可以修复网格上出现的不希望的变形的选定顶点。Maya 为选定顶点指定与其相邻顶点相同的权重值,从而可以形成更平滑的变形。

将权重移到选定影响:点击该按钮可以将选定顶点的权重值从其当前影响移动到选定影响。

显示对选定顶点的影响:点击该按钮可以选择影响选定顶点的所有影响。这样可以帮助用户解决网格区域中出现异常变形的疑难问题。

显示选定项:点击该按钮可以自动浏览影响列表,以显示选定影响。在处理具有多个影响的复杂角色时,该按钮非常有用。

反选:点击该按钮可快速反选要在列表中选定的影响。

(4) 其余功能介绍。

模式:在绘制模式之间进行切换,共有以下三个选项。① 绘制:选择该选项时,可以通过在顶点绘制值来设定权重。② 选择:选择该选项时,可以从绘制蒙皮权重切换到选择蒙皮点和影响。对于多个蒙皮权重任务,例如修复平滑权重和将权重移到选定影响,该模式非常重要。③ 绘制选择:选择该选项时,可以绘制选择顶点。

绘制选择:通过后面的三个附加选项可以设定绘制时是否向选择中添加或从选择中移除顶点。① 添加:选择该选项时,绘制将从选择中添加顶点。② 移除:选择该选项时,绘制将从选择中移除顶点。③ 切换:选择该选项时,绘制将切换顶点的选择。绘制时,从选择中移除选定顶点并添加取消选择的顶点。

选择几何体:点击该按钮可以快速选择整个网格。

绘制操作:设置影响的绘制方式,共有以下四个选项。① 替换:用笔刷的权重替换蒙皮权重。② 添加:笔刷笔划将增大附近关节的影响。③ 缩放:笔刷笔划将减小远处关节的影响。④ 平滑:笔刷笔划将平滑关节的影响。

剖面:选择笔刷的轮廓样式,从左到右依次是高斯笔刷、软笔刷、硬笔刷、方形笔刷。如果预设的笔刷不能满足当前工作需要,可以点击右侧的"文件浏览器"命令,Maya 安装目录 drive:\Program Files\Alias\Maya2014\brushShapes 文件夹中提供了 40 个预设的笔刷轮廓,可以直接加载使用。此外,用户也可以根据需要自定义笔刷轮廓,只要是 Maya 支持的图像文件格式,图像大小在 256×256 像素之内即可。

权重类型:选择以下两种类型中的一种权项进行绘制。① 蒙皮权重:为选定影响绘制基本的蒙皮权重,这是默认设置。② DQ 混合权重:选择这个类型来绘制权重值,可以逐顶点对"经典线性"和"双四元数"蒙皮进行混合控制。

规格化权重:设定如何规格化平滑蒙皮权重,共有以下三个选项。① 禁用:禁用平滑蒙皮权重规格化。② 交互式:如果希望精确使用输入的权重值,可以选择该模式。当使用该模式时,Maya 会从其他影响添加或移除权重,以便所有影响的合计权重为 1。③ 后期:选择该模式时,Maya 会延缓规格化计算,直至网格变形。

不透明度:设置该选项可以通过同一种笔刷轮廓产生更多的渐变效果,使笔刷的作用效果更加精妙。如果设置该选项数值为 0,笔刷将没有任何作用。

值:设定笔刷笔划应用的权重值。

整体应用:将笔刷设置应用到选定"抖动"变形器的所有权重,结果取决于执行整体应用时定义的笔刷设置。

3."渐变"卷展栏

"渐变"卷展栏如图 4.33 所示。

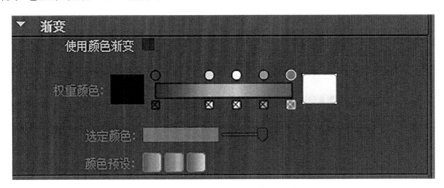

图 4.33　"渐变"卷展栏

使用颜色渐变:勾选该选项时,权重值表示为网格的颜色。这样在绘制时可以更容易看到较小的值,并确定在不应对顶点有影响的地方关节是否正在影响顶点。

权重颜色:当勾选"使用颜色渐变"选项时,该选项可用于编辑颜色渐变。

选定颜色:为权重颜色的渐变色标设置颜色。

颜色预设:从预定义的三个颜色渐变选项中选择颜色。

4."笔划"卷展栏

"笔划"卷展栏如图 4.34 所示。

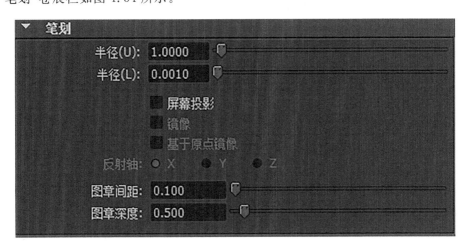

图 4.34　"笔划"卷展栏

半径(U):如果用户正在使用一支压感笔,该选项可以为笔刷设定半径值;如果用户只是使用鼠标,该选项可以设定笔刷的半径范围。当调节滑块时,该值最高可设置为 50,但是可以按住 B 键拖曳光标得到更高的笔刷半径值。在绘制权重的过程中,经常采用按住 B 键拖曳光标的方法来改变笔刷半径,在不打开"绘制蒙皮权重工具"的"工具设置"对话框的情况下,根据绘制模型表面的不同邻位直接对笔刷半径进行快速调整可以大大提高工作效率。

半径(L):如果用户正在使用一支压感笔,该选项可以为笔刷设定最小的半径值;如果没有使用压感笔,这个属性将不能使用。

屏幕投影:当关闭该选项时(默认设置),笔刷会沿着物体表面标记;当勾选该选项时,笔刷标记将影射到选择的物体表面。当使用"绘制蒙皮权重工具"涂抹绘画表面权重时,通常需要关闭"屏幕投影"选项。如果被绘制的表面非常复杂,可能需要勾选该选项,因为使用该选项会降低系统的执行性能。

镜像:该选项对于"绘制蒙皮权重工具"是无效的,可以使用"蒙皮→编辑平滑蒙皮→镜像蒙皮权重"菜单命令来镜像平滑的蒙皮权重。

图章间距:在被绘制的表面上点击并拖曳光标绘制出一个笔划,用笔刷绘制出的笔划是由许多相互交叠的图章组成的。利用这个属性,用户可以设置笔划中的印记如何重叠。

图章深度:该选项决定了图章能被投影多远。

5."光笔压力"卷展栏

"光笔压力"卷展栏如图 4.35 所示。

图 4.35 "光笔压力"卷展栏

光笔压力:勾选该选项时,可以激活压感笔的压力效果。

压力映射:可以在下拉列表中选择一个选项,来确定压感笔的笔尖压力将会影响的笔刷属性。

6."显示"卷展栏

"显示"卷展栏如图 4.36 所示。

绘制笔刷:利用这个选项可以切换"绘制蒙皮权重工具"笔刷在场景视图中的显示和隐藏状态。

绘制时绘制笔刷:勾选该选项时,在绘制的过程中会显示出笔刷轮廓;如果关闭该选项,在绘制的过程中将只显示笔刷指针而不显示笔刷轮廓。

绘制笔刷切线轮廓:勾选该选项时,在选择的蒙皮表面上移动光标会显示出笔刷轮廓,如果关闭该选项,将只显示笔刷指针而不显示笔刷轮廓。

显示笔刷反馈:勾选该选项时,会显示笔刷的附加信息,以指示出当前笔刷所执行的绘制操作。当用户在"影响"卷展栏下为"绘制操作"选择了不同方式时,显示出的笔刷附加信息也有所不同。

显示线框:勾选该选项时,在选择的蒙皮表面上会显示线框结构,可以借此观察绘画权

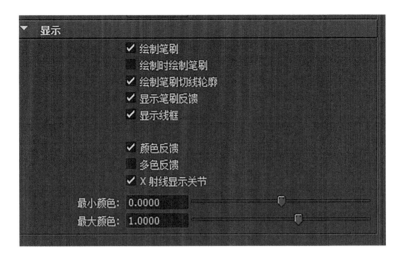

图 4.36　"显示"卷展栏

重的结果;关闭该选项将不会显示线框结构。

颜色反馈:勾选该选项时,在选择的蒙皮表面上将显示灰度颜色反馈信息,采用这种渐变灰度值来表示蒙皮权重数值的大小;关闭该选项将不会显示灰度颜色反馈信息。当减小蒙皮权重数值时,反馈般色会变暗;当增大蒙皮权重数值时,反馈颜色会变亮;当蒙皮权重数值为 0 时,反馈颜色为黑色;当蒙皮权重数值为 1 时,反馈颜色为白色。

多色反馈:勾选该选项时,能以多重颜色的方式观察被绑定蒙皮物体表面上绘制蒙皮权重的分配。

X 射线显示关节:在绘制时,以 X 射线显示关节。

最小颜色:该项可以设置最小的颜色显示数值。如果蒙皮物体上的权重数值彼此非常接近,使颜色反馈显示太微妙以至于不易察觉,这时使用该选项将很有用。可以尝试设置不同数值使颜色反馈显示出更大的对比度,为用户进行观察和操作提供方便。

最大颜色:该项可以设置最大的颜色显示数值。如果蒙皮物体上的权重数值彼此非常接近,使颜色反馈显示太微妙以至于不易察觉,这时可以尝试设置不同数值使颜色反馈显示出更大的对比度,为用户进行观察和操作提供方便。

4.3.4　详细操作

下面进行详细操作的介绍。

(1)在进行皮肤权重编辑前,先对骨骼进行旋转,以发现权重不合理的地方,然后在对其进行修改,这是皮肤权重编辑的基本流程。

(2)先来调整脚部的皮肤权重,旋转脚部骨骼,在旋转过程中查看两只脚的变化情况,如果发现脚尖产生了错误变形,就通过灵活运用影响权重的绘制操作工具和剖面命令进行修改,直到旋转没有错误为止。

通过这种方式对模型各个骨骼的权重进行调整,该过程是一个灵活运用的过程,没有固定的技术步骤。

平滑绑定权重编辑的技巧总结如下。

（1）尽量依照从子级关节到父级关节的顺序编辑权重。

（2）尽量采用增加权重的方式编辑权重。若减少某关节的权重，按照权重标准化原则，Maya 会将减少的值自动增加到其他关节上，使总和保持 1，这样容易使先前已经编辑好的关节权重又发生变化。

（3）可以锁定编辑好的关节权重值，以免被 Maya 自动修改，方法是在影响的工具面板中选择相应的关节，然后点击锁定按钮，这样就可以锁定所选关节的权重值。如果要解锁，只要点击旁边的解锁按钮即可。

（4）如果要使用元素编辑器调整权重，只要在相应关节的锁定栏将 OFF 改为 ON 就可以了。如要解锁，再改回 OFF 即可。

添加影响物体的方法如下。

（1）选择模型和曲线，执行"蒙皮→编辑平滑蒙皮→添加影响"命令，打开创建选项，先恢复默认设置，然后勾选权重锁定，并将默认权重改为 0，这样就建立了模型与影响物体之间的绑定连接。但由于默认权重为 0，所以该曲线暂时对模型没有控制力，如图 4.37 所示。

注意：最好将影响物体的默认权重改为 0，这样就不会破坏编辑好的皮肤权重，建立连接后再手动逐点修改影响物体的权重，可以避免权重的重复修改。

（2）选择填型。在"skinCluster1"中的"使用组件"后输入 1，使用组件命令变成启用，这样就可以通过调整曲线上 CV 点的位置来控制模型上相应点的位置，如图 4.38 所示。

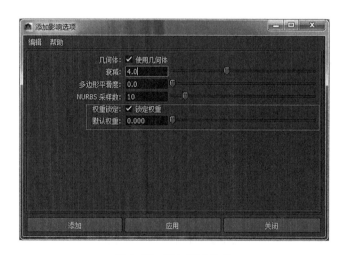

图 4.37　添加影响物体

图 4.38　选择填型

编辑权重的步骤如下。

（1）选中模型膝盖区域与 CV 曲线相同区域的几个顶点，选择"窗口→常规编辑器→组件编辑器"，取消"隐藏零列"的勾选，将所有权重为 0 的关节和影响物体都显示在列表中。接着把 influence 的保持关闭，将它对模型膝盖区域的几个顶点的控制权重都改为 1，使这些点只受影响物体的控制,如图 4.39 所示。

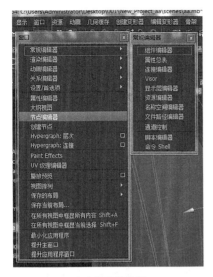

（a）组件编辑器

（b）组件编辑器面板设置

（c）组件编辑器设置

图 4.39　编辑权重

（2）现在可以通过移动、旋转模型,以及缩放或移动曲线上的点来控制膝盖的变形,如图4.40所示。

建立驱动关系的步骤如下。

（1）旋转大腿关节和膝盖关节会发现膝盖区域不随骨骼运动,因为该区域只受影响物体的控制,所以需要建立影响物体与骨骼运动间的驱动连接关系,由关节的旋转来带动影响物体的变形,如图 4.41 所示。

（2）先将影响物体作为大腿根关节的子级物体,这样 AA:influence 就会跟随其运动了,如图 4.42 所示。

（3）将膝盖关节作为"Driver",将影响物体的 6 个 CV 点作为"Driven"建立驱动关系,当膝关节伸直时,影响物体的点维持原位,设置一个驱动关键帧。选择"动画→设置受驱动关键帧→设置"命令,先选择膝盖骨骼,点击加载驱动者,再选择曲线上的 6 个 CV 点,点击加载受驱动项,然后选择关节帧,如图 4.43 所示。

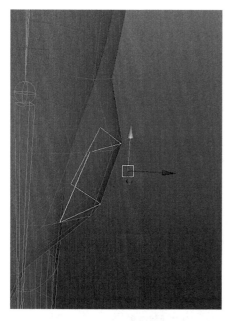

图 4.40 效果展示

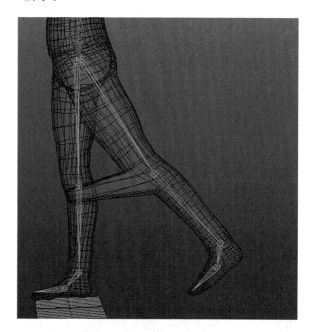

图 4.41 驱动关键帧建立前

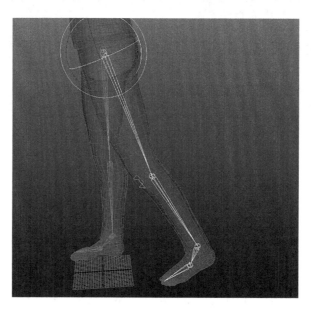

图 4.42 驱动关键帧建立后

(4)当膝关节弯曲 90°时,调整 6 个 CV 点的位置,塑造出膝盖的形状,设置一个驱动关键帧的动画。

(5)完成后播放动画,直到膝盖骨不再随运动缩小而是保持其基本的体积和形状,使腿部的皮肤变形更加真实和自然,如图 4.44 所示。

(6)关节帧动画制作的具体方法如下。首先选择"动画→设置受驱动关键帧→设置"命

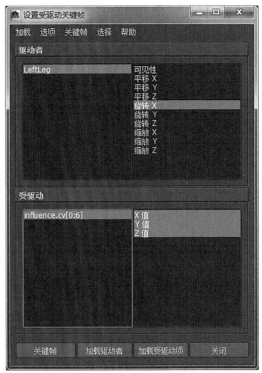

图 4.43　设置关键帧

令,选择驱动者 A 的某个属性,再选择受驱动 B 的某
个属性(根据你的需求选择,比如用 A 的 X 移动去驱
动 B 的旋转),点击关键帧,这是驱动的开始状态。
驱动者的某个属性值有什么变化、受驱动的某个属
性又有何变化是驱动的结果状态,再点一次关节帧,
这时 A 的 X 移动就可以驱动 B 的旋转了。

模型权重检查的步骤如下。

所有工作做完后,需要对制作的人物进行权重、
蒙皮检查。一般通过下面几个姿势即可检查出我们
制作的人物是否合格。将人物的双臂向上抬起做正
常的活动,然后不断观察其皮肤是否有不合适的地
方,当发现不合适的地方后,对模型权重进行微量调
整。让其头部进行旋转,进行正常活动,看头部是否
有穿帮动作,如果有也可以调整头部权重。再让人
物下蹲,观察腿部是否有穿帮,再让腿部做踢腿动
作,如发现模型能正常运作,且穿帮动作很少,即可
进行模型和动作采集数据的融合工作了。

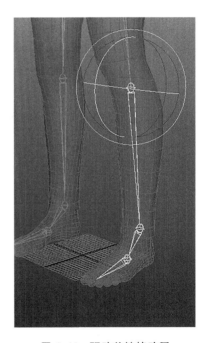

图 4.44　驱动关键帧动画

第5章 数据融合操作流程

5.1 Autodesk MotionBuilder 软件的基本操作

MotionBuilder 是该行业最重要的三维动画软件之一,它包含了许多优秀的工具,保证了高质量的动画作品的制作。此外,MotionBuilder 还包括独特的实时架构、无损的动画层、非线性的故事板编辑环境和平滑的工作流。该软件多用于游戏、电影、广播电视和多媒体制作。它的原生文件格式(FBX)支持在创建 3D 内容应用程序之间实现无缝的互操作性,从而使 MotionBuilder 成为一个补充包,可以增强任何现有的生产线。

5.1.1 Autodesk MotionBuilder 的基本认识

MotionBuilder 的菜单栏包含三种常用菜单:File、Edit、Animation。

动画控制面板是播放场景动画的控制器,可以在面板中正常播放动画、逐帧回放,也可以任意调整动画时间、设置动画帧率,并在动画上执行简单的关键帧编辑。

关键帧控制面板是动画的基本面板,它能够插入记录场景项的动画属性的关键帧,还可以定义关键帧的插值方法,以及定义不同的动画层,并定义动画设置期间动画层之间的数据动画。其操作界面如图 5.1 所示。

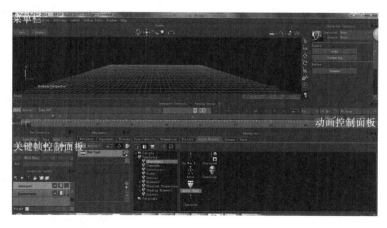

图 5.1 Autodesk MotionBuilder 的操作界面

角色/演员控制面板是角色动画中的一个重要控制面板。其中,角色控制面板主要用于设置使用骨控制组件的角色动画。它允许快速选择控制面板中的骨骼运动的效果图,并设置动画的关键帧模式以实现角色动画,如图 5.2 所示。在演员控制面板中,可以使用动作捕捉文件通过选择参与者的各个部分来匹配动作捕捉文件的数据标记,从而帮助将动作文件的数据映射到参与者,如图 5.3 所示。

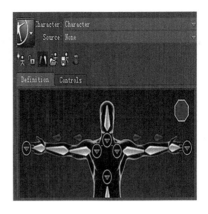

图 5.2　角色控制面板　　　　　　　图 5.3　演员控制面板

Story 面板主要分为 Action 和 Edit 两个模块,如图 5.4 所示。该面板可以对动画项目在不同动画片段的运动进行混合处理,也可以增加音频、视频等,也可进行组合编辑。

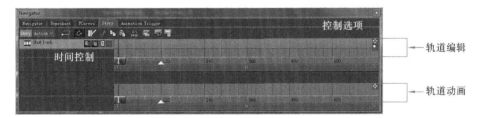

图 5.4　Story 面板

Layout 布局窗口主要为操作者提供便利的操作界面设置,默认为编辑模式、脚本模式和预览模式,如图 5.5 所示。

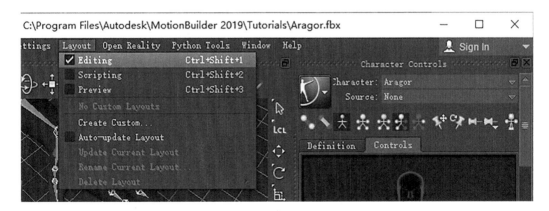

图 5.5　Layout 布局窗口

当我们想创建新的布局时,应点击 Creace Custom 命令,并保存自己创建的命令面板,如图 5.6 所示。

当自己创建的面板丢失时,可直接在 Layout 命令中点击自己创建的面板,就可以恢复已丢失的面板。

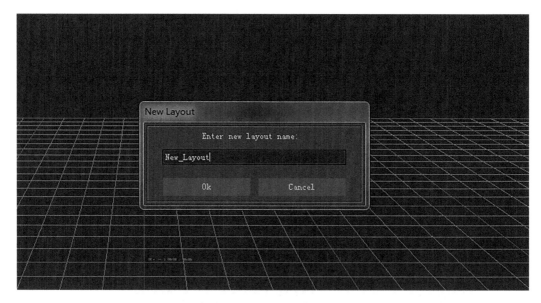

图 5.6　创建新的布局

需要注意的是,如果面板布局已经设置完毕,不要打开自动更新命令 Auto-update Layout,否则会自动保存每次移动的面板位置。

关键帧控制面板是动画的基本面板,它能够插入记录场景项的动画属性的关键帧,还可以定义关键帧的插值方法,以及定义不同的动画层,并定义动画设置期间动画层之间的数据动画,如图 5.7 所示。

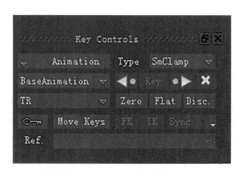

图 5.7　关键帧控制面板

浏览面板 Asset Browser 可以让使用者浏览整个场景都有什么,它相当于 3D 的创建面板,如图 5.8 所示。

Navigator 面板相当于 Maya 中的修改器面板,也就是属性面板,如图 5.9 所示。

5.1.2　视图与显示设置

可以通过快捷键查看窗口,在 View 命令下,窗口的每个操作都有对应的快捷方式。Ctrl+E 是回到立体视图,Ctrl+F 为前后视图,Ctrl+R 为左右视图,Ctrl+T 为顶底视图,如图5.10 所示。

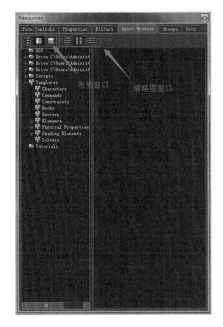

布局窗口　　缩略图窗口

图 5.8　Asset Browser 面板

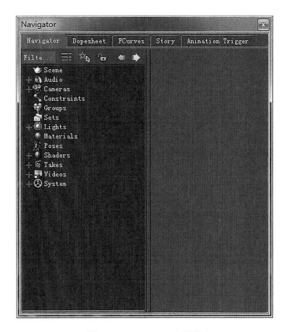

图 5.9　Navigator 面板

图 5.10　切换视图

　　如图 5.11 所示,点击"Perspective→Create Camera"命令创建摄像机后,可点击"Per-spective→Camera"命令进入摄像机视图。

　　需要最终观察最佳效果,就需要用到全屏显示命令 Full Screen,如图 5.12 所示,快捷键为 Alt+Enter,在该命令下,所有面板将隐藏,窗口将最大化显示。Schematic 命令用于查看节点视图,如图 5.13 所示。

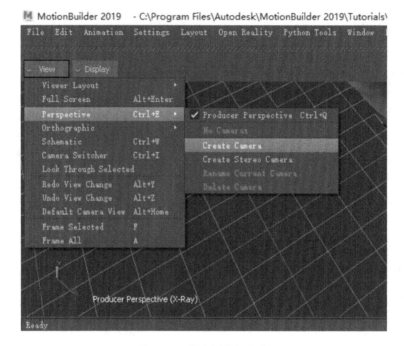

图 5.11　创建摄像机命令

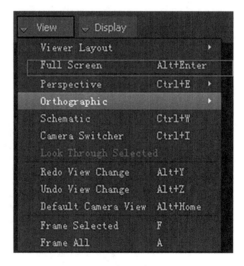

图 5.12　全屏显示命令

如需最大化显示模型,可分别用 F 键最大化显示选中部位和用 A 键最大化显示整个场景。模型具体显示方式有三种,分别为模型加骨骼全显示、X 光显示和仅显示模型,快捷键为 Ctrl+A,如图 5.14 所示。

在 Display 菜单下面的 Models Display 命令中,有 6 种不同的内容显示方式,如图 5.15 所示。

Display 菜单下还有其他设置,如模型可见性 Models Visibility 命令中包含各种筛选命令,如图 5.16 所示。显示法线示意图如图 5.17 所示。显示屏幕信息 Head-up Display (HUD)命令的选择如图 5.18 所示。

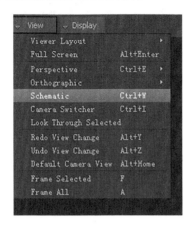

图 5.13　Schematic 命令

图 5.14　模型显示模式

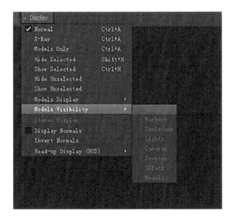

图 5.15　Models Display 菜单

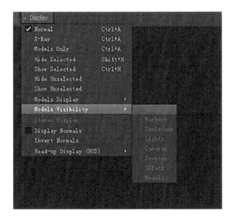

图 5.16　Models Visibility 命令

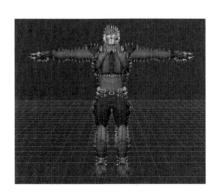

图 5.17　显示法线

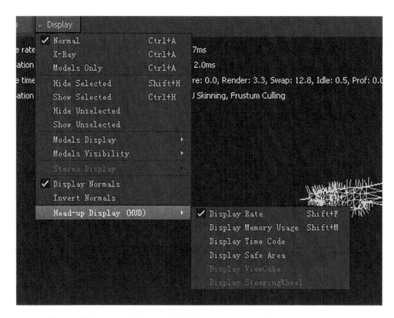

图 5.18　显示屏幕信息

5.1.3　基本操作介绍

在 MotionBuilder 中有以下几种打开模型的方式。选择"File→Open"打开模型,模型的格式都是 FBX 格式,如图 5.19 所示。还可将模型从文件浏览窗口直接拖到显示窗口并点击命令"FBX Open→〈All Takes〉"完成导入命令,如图 5.20 所示。

图 5.19　打开文件

图 5.20　导入命令

MotionBuilder 提供了多种操作方式,默认使用 MotionBuilder 自带的操作方式。在

Settings 命令下,点击 Interaction Mode 命令,可选择自己习惯的操作方式,如图 5.21 所示。

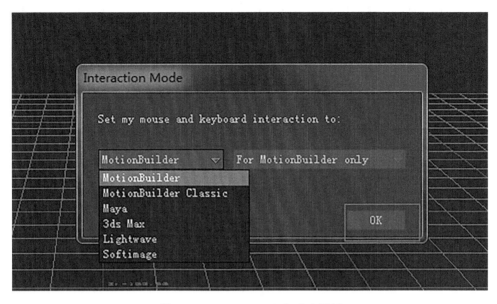

图 5.21　Interaction Mode 命令面板

5.2　数据与模型的融合

5.2.1　骨骼模板介绍

图 5.22 所示的是可将模型角色化的工具,MotionBuilder 将不同的模型分成了 6 类模

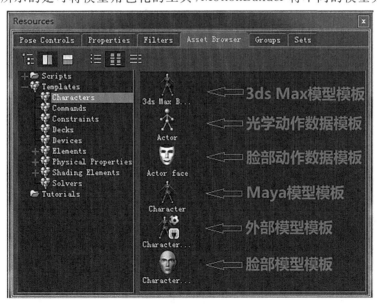

图 5.22　骨骼面板

板,动画师在制作动画之前,必须要将自己的模型或动作数据角色化。模型或动作数据来源不同,选用的模板也不一样,其中,3ds Max Biped Template 主要用于 3ds Max 软件导入模型的角色化;Actor 主要用于光学动作数据的角色化;Actor face 主要用于脸部动作数据的角色化;Character 主要用于 Maya 软件导入模型的角色化,但后期我们也用其来做惯性运动捕捉数据的角色化,下文中有详细介绍;Character Extension 主要用于人体模型与外部物体的关联等;Character face 主要用于人物脸部模型的角色化。

5.2.2　人物模型角色化

打开 MotionBuilder,点击"File→Open"命令,选择从 Maya 里导出的 FBX 文件的人物模型,会弹出 Open Options 窗口,点击 Open 导入文件,如图 5.23 所示。

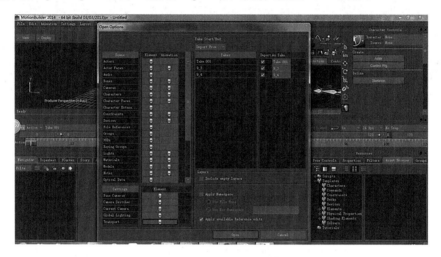

图 5.23　导入 FBX 文件

此外,也可以利用同一版本中的配套软件打开模型,如通过 Maya 文件中的"发送到 MotionBuilder"命令发送模型,达到同步修改的目的,如图 5.24 所示。

接下来可对人物模型进行角色化,打开 Asset Browser 面板,选择"Templates→Characters"后选择 Characters 图标,按住鼠标左键将其拖动到场景中人物的根关节上,点击"OK"。如果骨骼效果不明显,可以按快捷键 Ctrl+A 将视图转换为 X 光模式,便于把骨骼显示出来。

完成上述操作后,系统就会在场景导航面板的 Characters 元素类型中自动生成名字为 Character 的角色,如果想修改名字,则右击 Character 名称,出现命令框后选择 Rename 命令,如图 5.25 所示。

命名时,对应的模板设置显示在面板右边,如图 5.26 所示。

将骨骼模板拖到人物模型的根骨骼上时,如果能够匹配,则角色控制面板中的骨骼会全部变为绿色,如图 5.27 所示,点击锁定按钮,会出现角色化选择面板(Biped 为两足动物,Quadruped 为四足动物),如图 5.28 所示。创建好以后就能在 Character 下拉菜单中看到创建好的人物名称,在 Source 下拉菜单中看到运动数据来源,如图 5.29 所示。角色化后,我们需要在 Source 菜单中进行选择,如图 5.30 所示,None 代表无;Stance 代表站立姿势;

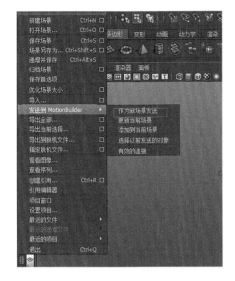

图 5.24　Maya 直接发送模型

图 5.25　修改名字

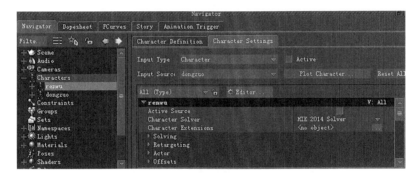

图 5.26　模板设置界面

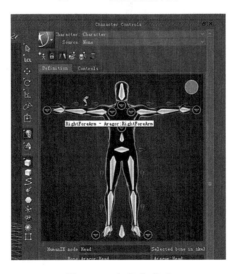

图 5.27　角色化成功

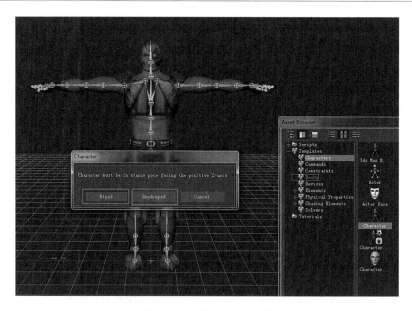

图 5.28　角色化选择面板

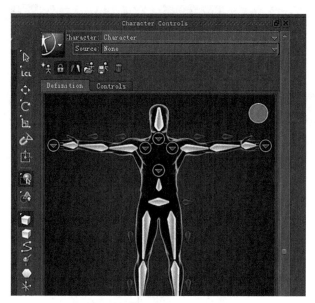

图 5.29　Character Controls 面板

图 5.30　Source 菜单

Control Rig 代表运动学设置；Aragor 代表来源于其他模型运动信息。点击 Control Rig 后，会出现运动学模式选择界面，如图 5.31 所示，其中，FK/IK 是指正反向运动学，IK Only 是指反向运动学，一般情况下，选择 FK/IK 即可，选择后如图 5.32 所示。

图 5.31　运动学模式选择界面

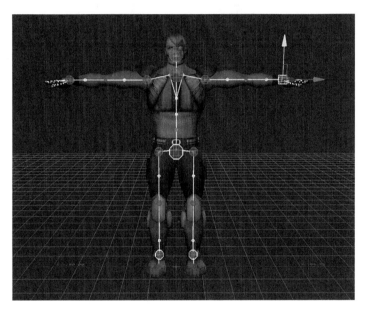

图 5.32　FK/IK 控制系统

在进行角色化时可能会出现两种错误情况，第一种情况是人物的骨骼和 Character 没有匹配上，原因是角色骨骼没有遵循角色模板的节点命名，角色化时系统首先会弹出警告框，提示由于某些骨骼不能和角色模板上的节点相对应，角色化失败，并且在 Character Controls 面板中骨骼显示为灰色。

此时需要手动进行角色化。例如若头部骨骼未匹配，则先选中头部骨骼，然后到 Character Controls 面板中选择头（Head）的部位，右击选择 Assign Selected Bone 即可，如图 5.33 所示，头的部分变成绿色则表示已成功绑定了。

剩下的部分和头部的操作是一致的，当整个身体上的所有骨骼均成功绑定后，右上角验证状态（Validation Status）的圆圈会变为绿色，如图 5.34 所示。

若骨骼命名正确，则角色化时骨骼显示为黄色，这表明模型姿态不够准确，需要将其调整为标准的 T 形站立姿态，即直接调整模型骨骼的位置及角度直至 Character Controls 面板上的骨骼变成绿色即可。

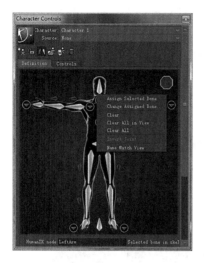

图 5.33　手动角色化

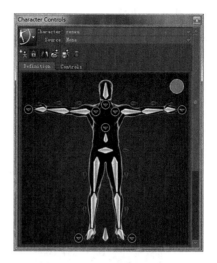

图 5.34　完成角色化的面板

以上问题解决后,点击 Character Controls 面板中的锁定按钮(Lock Character),弹出角色化选择对话框,选择 Biped 即可完成角色化设置。

5.2.3　动作数据角色化

使用较多的动作数据为光学动作数据和惯性运动捕捉数据,其中,光学数据具有准确性高、运动信息稳定等好处,但成本比较高,动作数据处理比较麻烦。惯性运动捕捉数据具有成本低、后期基本不用处理等好处,但是动作本身的精度远远不如光学数据的。作为动画师进行相关的数据处理时,需要了解不同动作数据的处理办法。

惯性运动捕捉数据(关节型数据)角色化的步骤如下。

(1) 导入数据。

点击"File→Motion File Import",将之前捕捉收集到的所有动作数据一次性导入主视界面,格式是 BVH,如图 5.35 所示。

注意,导入路径需要是全英文的。

(2) 动作数据角色化。

这部分的数据匹配方式与前面人物模型数据的匹配方式基本是一样的,但是在这里需要说明的是,在动作数据角色化中,只需要角色化一个数据就可以了。点击右下角的 Characters,选中一个 Character,并将它拖到数据模型的根骨骼位置,点击 Characterize,进行自动匹配。

对动作数据进行角色化时,若采集时初始动作并非为标准 T 形动作,则会导致角色化不成功,进而对后期的融合产生影响,所以必须提前将动作数据设置为 T 形姿态,具体方法如下。全选动作数据骨骼,点击右侧工具栏中的旋转按钮(如图 5.36 所示),然后设置 X、Y、Z 的数值为 0,此时动作数据将会成标准 T 形姿态,如图 5.37 所示。

(3) 将角色化成功的数据进行保存并命名。

光学动作数据(标识点数据)角色化的步骤如下。

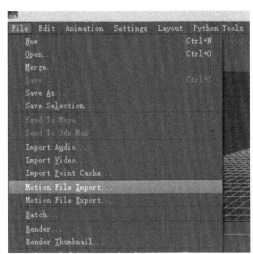

（a）打开面板

（b）选择数据

（c）确认数据

图 5.35 导入数据

（1）导入数据。

跟上面惯性运动捕捉数据的导入方法基本一样，点击"File→Motion File Import"，将之前捕捉到的所有动作数据一次性导入主视界面，文件格式为 C3D 或 TRC。

注意：导入路径需要是全英文的。

导入后，可看到光学数据是由各标识点组成的，如图 5.38 所示。

（2）动作数据角色化。

选择骨骼模板中的 Actor 模板并将其拖动到主界面，可看出 Actor 模板就是一个人体模型，如图 5.39 所示，将动作数据与 Actor 模板放置在一起，通过改变 Actor 模板的形状尽量使得动作数据比较完美地附着于 Actor 模板身体表面适当位置，如图 5.40 所示。

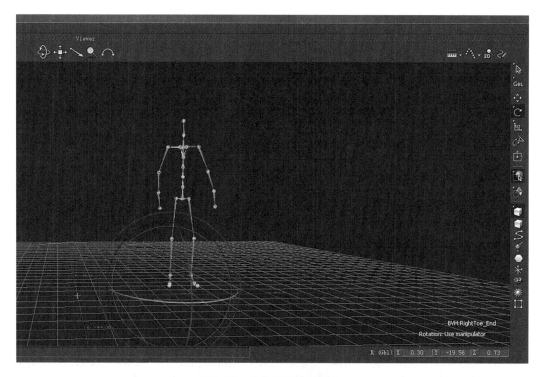

图 5.36 动作数据初始状态

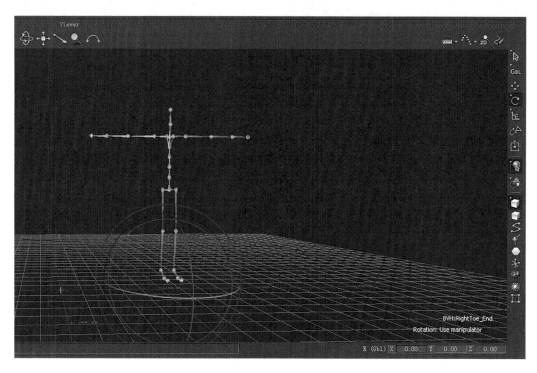

图 5.37 动作数据 T 形姿态

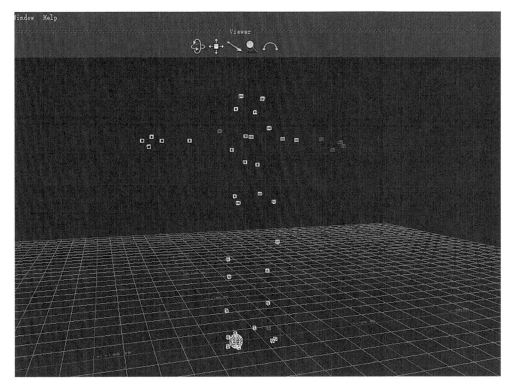

图 5.38　光学数据显示

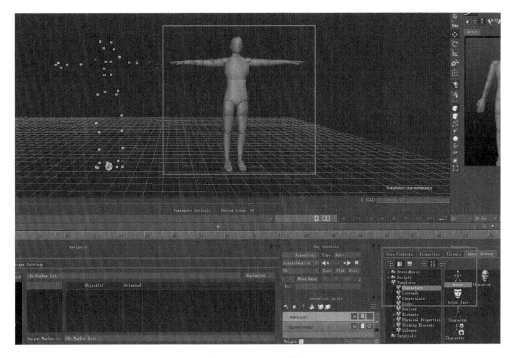

图 5.39　Actor 模板

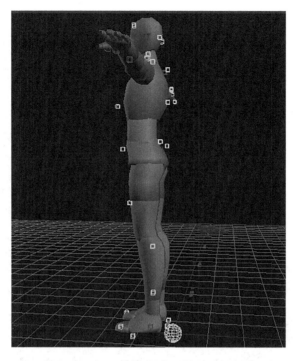

图 5.40　Actor 与标识点位置匹配示意图

注意:这一步骤非常关键,因为动作采集时的姿态并不是非常标准的 T 形的,而且采集人员的身材也不是统一的,所以必须要仔细调整 Actor 模板的形状,使其适应捕捉数据的身材比例,以免后期驱动时造成动作变形。

点击左下角 Navigator 面板中的"Actors→Actor",在右侧信息面板中点击 Marker Set...,选择 Create,如图 5.41 所示,此时 Actor 图像上会增加若干 Marker 点位置,如图 5.42 所示。选择光学动作数据中适当位置的标识点,按住键盘上的 Alt 键,将其拖动到 Actor 相应的位置上,如图 5.43 所示,当所有位置都有了相应的标识点后,点击上方的 Active 按钮进行适配,此时点击时间轴上的播放按钮,会发现 Actor 人物模板会随着动作数据同步运动,如图 5.44 所示。

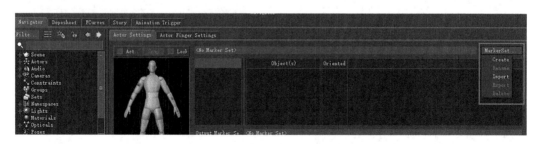

图 5.41　创建 Marker 点

注意:图 5.44 所示的标识点放置方式并不是唯一标准,应根据捕捉时的设定或者观察光学标识点的位置来放置标识点。如果运动过程当中发现某部位运动变形或者不合理,则需要取消 Active,重新调整各个 Marker 点上的标识点位置,直到最终能完美匹配动作数据

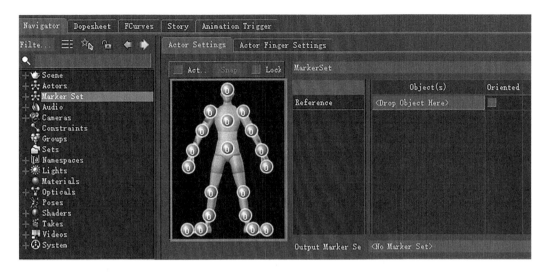

图 5.42　Marker 点显示

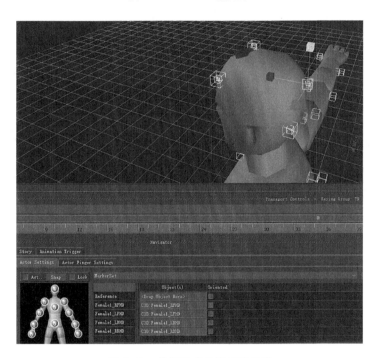

图 5.43　将标识点拖到相应位置

为止。

5.2.4　模型与数据绑定

将人物模型和动作数据进行绑定,具体步骤如下。

(1) 当人物模型角色化成功以后,点击 Lock Character,即锁定角色,这样骨骼关节就不会再被改变,如图 5.45 所示。

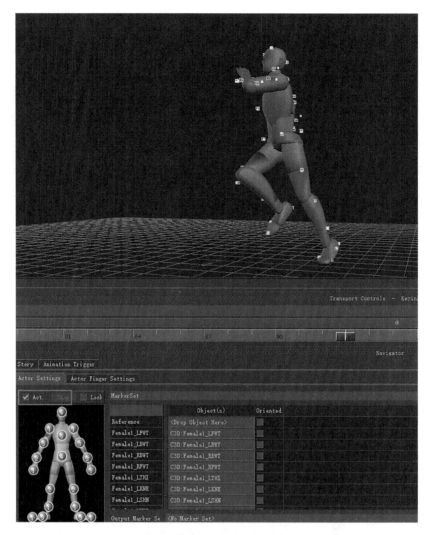

图 5.44　Marker 点适配后的效果

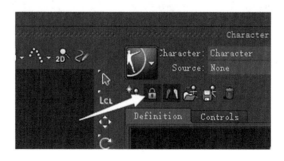

图 5.45　锁定角色

（2）点击左下角的 Navigator 选项，在 Input Type 中选择运动数据来源模式，在下面的 Input Source 中选择动作数据的名称，如图 5.46 所示。如果选择 Character，则表示动作输入的类型为 Character,那么可以认为动作来源于上文中的惯性运动捕捉数据,或其他模型运动数据,前提是另外的模型也进行过 Character 角色化操作。如果选择 Actor,则表示动作来源于上文中的光学数据。这两个选项为常用选项。

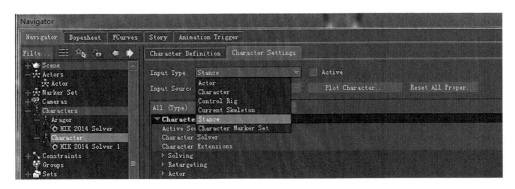

图 5.46 Character Settings 界面

(3) 勾选 Active 选项,如图 5.47 所示,这表示将人物模型和动作数据进行匹配角色化绑定,使人物模型跟着数据运动起来。

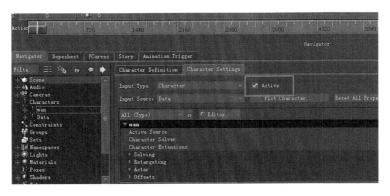

图 5.47 勾选 Active 选项

最后点击 Plot Character 按键,如图 5.48 所示,即表示将动作进行绘制,绘制有两个方

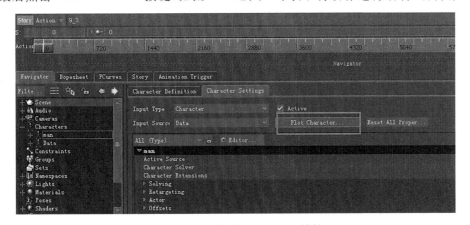

图 5.48 点击 Plot Character 按键

向,其一为 Control Rig,表示绘制到 FKIK 控制系统;其二为 Skeleton,表示绘制到骨骼。可以根据实际情况进行选择。等待绘制成功以后,人物模型本身就具备了动作数据,不再依赖外部数据。

（4）点击时间轴中的播放按钮让人物模型运动,查看有无明显穿帮现象。如果动作流畅,无明显穿帮现象,就可以将模型保存导出,如图 5.49 所示。

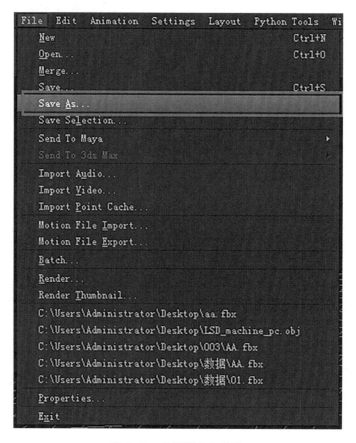

图 5.49   将模型保存导出

绑定完一组数据后,若还需绑定其余数据,则应先另存之前绑定的人物模型,然后点击 Action 按钮后的数据名称,更换动作数据,重新进行上面的数据模型绑定步骤,然后再另存一份,直到把所有数据都绑定完成。

5.3   动作后期的剪辑和编辑

5.3.1   实现多段数据的剪辑

将上面另存部分的数据在 Asset Browser 命令框中打开,如图 5.50 所示。

为了实现多段动作数据的拼合,在 Story 面板中创建一个角色动画层,选择对应的角色,将 Asset Browser 中的动画片段按顺序放入动画层。多段动画片段之间的拼接主要通

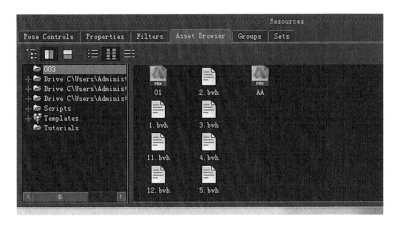

图 5.50　打开数据

过 Match 功能、Ghost 功能和动作渐入渐出功能来实现。

　　Match 功能能将两段动画在位置上进行统一。如图 5.51 所示，首先设置 Match Object，即适配的部位，这个设置是指当两段动画合成一段动画时，将某部位重合在一个位置，一般可选择脚或腰部。然后再设置 Match Clip，即设置适配的顺序，一般来说都选择用后一片段去适配前一片段。

　　Ghost 功能用于显示各个片段人物动画的起始位置，或对 Ghost 的位置进行移动或旋转，从而达到对一个动画片段的方位进行控制的目的，如图 5.52 所示，这项功能在进行剧情编排时非常有效，可以很好地控制演员的出场位置。

　　编辑过程中，可以通过 Razor 功能对片段进行切割，既可以对动画进行混排，也可以将不需要的部分删除。

图 5.51　Match Options 窗口

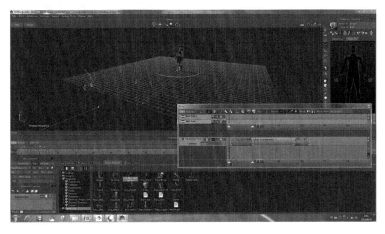

图 5.52　Ghost 功能显示

同时也可以对两段数据需要衔接的部分进行互相重叠,软件会自动进行衔接,达到动画渐入渐出的目的,如图5.53所示。

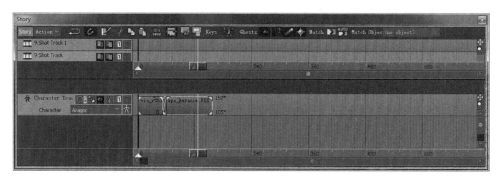

图 5.53　渐入渐出功能设置

当角色动画轨道上有多个动画片段时,为了将最后的编辑效果反馈到人物骨骼上,当我们编辑完多段动画时,如图5.54所示,需要在 Character Controls 面板中,利用"File→Bake (Plot)→Bake (Plot) Skeleton"命令将动画轨道上的所有动画绘制到相应的人物骨骼上,以便后期 Maya 能够识别。

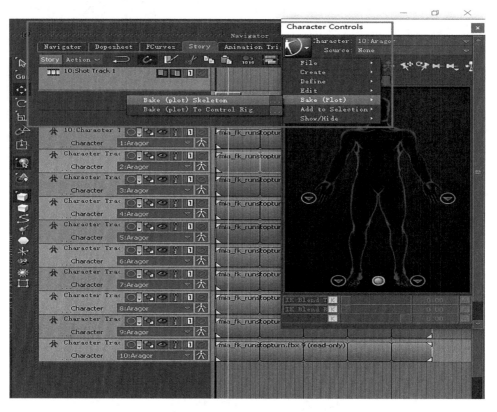

图 5.54　Character Controls 面板

5.3.2　实现多人动作编辑

将模型制作成多人集体动画场景(如 10 人左右)的步骤如下。

(1) 对前面绑定好的角色进行备份,作为后面复制多个角色的数据来源。

(2) 将 FBX 格式的人物模型分别导入十次,进行 File→Merge 操作,让十个模型可以同时合并导入 MotionBuilder。

(3) 如果加入同样的模型,则需加选导入菜单中的 Apply Namespace 选项,让系统能够自动识别模型对象并进行区别命名,如图 5.55 所示。

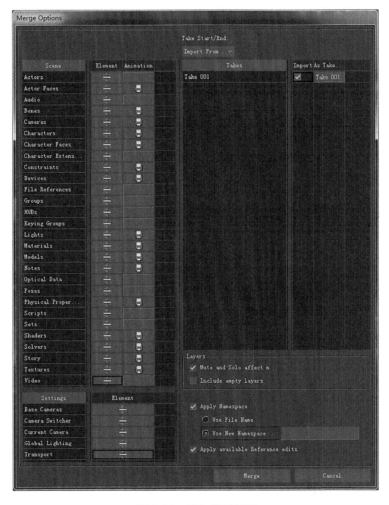

图 5.55　导入模型界面

(4) 人物模型角色化成功以后,将绑定好的角色数据导入 MotionBuilder,在 Story 里面点击右键,选择 Insert→Character Animation Track,如图 5.56 所示,分别创建编号一到十的十个不同的角色动画层,选择对应的一到十号模型,然后将绑定好的角色数据分别加载到十个层的轨道上。这样十个模型都可以跟着同一个动作数据运动起来,如图 5.57 所示。

当所有角色的动画都编辑并绘制完毕后,可将制作好的动画通过 MotionBuilder 面板

图 5.56 创建角色动画轨道

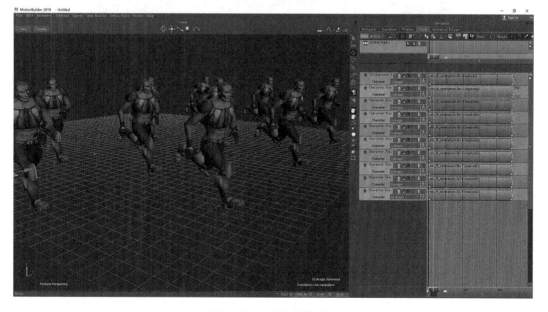

图 5.57 加载动画片段

中的 Send to Maya 命令发送回 Maya 中,在 Maya 完成后续的动画渲染等工作即可,如图 5.58 所示。

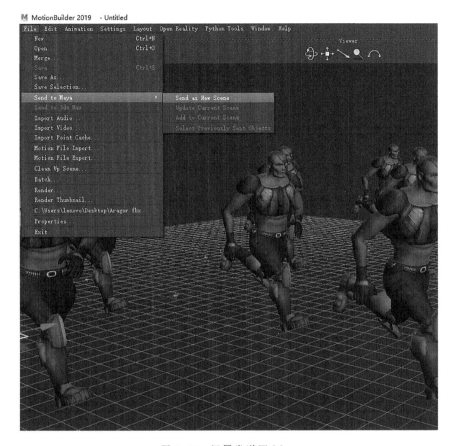

图 5.58　场景发送回 Maya

5.4　小结

　　本章以 Autodesk MotionBuilder 为平台,着重阐述了运动数据融合操作流程。首先对 Autodesk MotionBuilder 做了基本介绍,重点介绍了角色/演员控制面板、Navigator 面板和视图选择模式,并重点阐述了骨骼模板的操作流程。然后从人物模型角色化、动作数据角色化、模型与数据绑定三个方面阐述了运动数据和人物模型的融合。最后详细说明了动作后期的剪辑和编辑,为后续生成高质量运动动画奠定了基础。

　　总览全文,本书以"动作捕捉技术"为中心,从基本概念、系统组成和系统使用三个方面较全面地阐述了动作捕捉系统的操作流程,重点介绍了惯性和光学式两种动作捕捉系统的原理、软硬件组成、数据采集流程,为系统的使用人员提供了详细的参考资料。在此基础上,本书还重点阐述了采集到的关节运动数据及光学运动数据与虚拟人物模型的融合,其中包括虚拟人物骨骼设置和数据融合操作流程。读者可以将融合运动数据的人物模型加载到 Maya 等其他动作制作软件中,为运动动画提供符合人体运动规律的人体模型和运动数据,使得制作出来的人物运动动画更加合理和自然,进而也为虚拟现实相关应用场景提供数据支撑。